AF402196

TRAITÉ

DES

VACHES LAITIÈRES,

POUR CONNAITRE,

A LA SIMPLE INSPECTION DE L'ANIMAL,

Quelle quantité de lait une vache quelconque peut donner par jour, quelle est la qualité du lait, et combien de temps la vache le maintiendra pendant la gestation nouvelle ;

PAR FRANÇOIS GUENON,

Membre du Comice agricole de Bordeaux , décoré par cette Société de la médaille d'or , le 20 août 1837, et membre correspondant de la Société centrale agricole d'Aurillac , décoré par cette Société , le 26 mai 1838, de la médaille d'or à l'effigie d'Olivier de Serre.

Seconde Édition.

BORDEAUX,

IMPRIMERIE DE BALARAC JEUNE,

8 , rue des Trois-Conils.

1840.

Les formalités voulues par la loi du 19 juillet 1793 et l'ordonnance royale du 24 octobre 1814 ayant été remplies, la propriété du présent ouvrage est garantie à l'auteur, qui poursuivra tout contrefacteur selon la rigueur des lois.

Signature de l'auteur :

Ayant examiné attentivement les différentes races de vaches, j'ai reconnu que les vaches de Flandre étaient des plus abondantes en lait. Les vaches d'Auvergne sont bonnes laitières aussi, et l'emportent pour la graisse. Mais les vaches bretonnes, quoique de basse taille, sont supérieures pour la qualité du lait. L'expérience m'a prouvé, en outre, que les vaches, de quelque pays qu'elles soient, lorsqu'elles sont déplacées, subissent, sous le rapport du lait, un changement pendant les premiers mois du déplacement, et quelquefois pendant toute la première année. Elles sont comme une plante transplantée, à laquelle il faut le temps de s'accoutumer au nouveau sol où elle doit vivre, pour se développer et se montrer dans toute sa beauté. Cette observation est fort importante, parce que plusieurs personnes, jugeant précipitamment et sans examen, s'étonnent qu'une vache estimée devoir rendre tant, ne rende qu'une quantité inférieure, et condamnent ma méthode sans tenir compte des mille et une circonstances qui peuvent influer sur le rendement. J'ose adresser à mes lecteurs les paroles qu'un illustre écrivain adressait à ceux qui, ne le comprenant pas de prime-abord, le jugeaient trop rigoureusement : *Messieurs, ne jugez pas en un jour le travail de vingt-cinq années.*

TRAITÉ DES VACHES.

AVANT-PROPOS.

De tous les animaux que l'homme a soumis à sa domination, il n'en est aucun dont il n'ait retiré quelque utilité ou quelque plaisir. Si le besoin lui a fait apprécier les animaux utiles, l'amour-propre, l'orgueil lui ont souvent fait attacher trop de prix à ceux qui ne pouvaient servir qu'à ses plaisirs.

Mais de toutes les races sur lesquelles il exerce son empire, celle qui peut, à bon droit, être considérée comme la plus précieuse est, sans contredit, la race bovine. Ici l'utile se trouve uni à l'agréable. Fidèle compagnon des travaux du laboureur, le bœuf trace le sillon que l'homme lui indique; il partage avec lui sa pénible tâche; et, quand il ne peut plus le servir dans ses rustiques labeurs, il le nourrit de sa chair, et lui abandonc sa dépouille, donnt l'homme sait si habilement tirer parti.

La vache vient naturellement se placer à côté de son époux. Pouvant être employée aux mêmes travaux que lui, quoique moins forte ; servant aussi de nourriture à son maître, elle ne se contente pas de lui donner sa chair, en tombant sous la massue du boucher, vivante elle le nourrit de son lait. Oh ! combien d'idées diverses réveille ce mot ! Le lait, cette substance si douce, si agréable, qui flatte tant de palais délicats, qui soutient tant de frêles existences. La médecine et l'art culinaire se sont emparés du lait, et tous les deux se vantent également de ses effets. Gardez vos jouissances sensuelles, vous qui pouvez juger de tout ce que sait faire de savoureux, avec le lait, une main habile et exercée ; mais vous, jeune mère, qui lui devez la conservation d'un fils qui vous eût été enlevé dès le berceau, quand l'avare nature vous refusait l'aliment que votre sein devait offrir à votre enfant ; vous qui jetez un regard où brille une larme, sur la jeune vierge dont la poitrine desséchée eût, peut-être, déjà exhalé son dernier souffle, sans ce lait conservateur, dites-nous vos ineffables sensations ? Mais non ; ne dites pas ce que le cœur humain peut sentir, mais ce qu'aucune langue d'homme ne saurait exprimer.

Si on peut faire tant de choses agréables et utiles avec le lait tel quel, que ne feraient pas le
médecin versé dans son art, le cuisinier exercé,
s'ils avaient toujours à employer du lait de bonne
qualité? Qui, dans le train ordinaire de la vie,
n'a fait la différence d'un lait de première qualité
d'avec un lait inférieur? Et si le consommateur y
trouve à redire, que doit-ce être pour celui qui,
possesseur des animaux qui le donnent, subit la
perte que lui impose la mauvaise qualité ou le défaut de quantité du produit? N'est-il pas de l'intérêt de tous de pouvoir reconnaître à des signes
certains et positifs si le lait que doit donner une
vache sera bon ou mauvais, et quelle quantité on
peut en retirer? Si vous fondez votre revenu sur
la vente de ce produit, il ne vous sera pas indif-
férent de l'avoir plus ou moins bon, plus ou
moins abondant; si vous le devez consommer,
n'importe comment, vous tiendrez également et à
la qualité et à la quantité; vous serez sans doute
fort aise que celle-ci ne nuise pas à celle-là,
comme il arrive la plupart du temps.

Or, c'est ce qui n'arrivera pas lorsque ceux qui
possèdent des vacheries auront un moyen infaillible de reconnaître, à la simple inspection de l'a-
nimal, si son lait sera de telle ou telle qualité, et
à combien il pourra s'élever par jour en quantité.

Il sera trop dans l'intérêt des acheteurs de vaches de veiller à ce point, pour qu'ils se laissent tromper; et ceux qui les vendent, sachant qu'on peut, d'un coup d'œil, reconnaître les qualités et les défauts de la bête, n'oseront pas entreprendre de tromper à cet égard.

Il arrive souvent qu'on vend au boucher une jeune vêle dont on ne peut encore apprécier le lait; et, comme il faudrait attendre trop long-temps pour en juger, elle est livrée à l'abattage avant d'être connue; d'où il résulte qu'on fait abattre une génisse qui eût été une excellente laitière, pour en garder une autre qui donne peu, et d'un lait inférieur, ce qui est une double perte. Cet inconvénient n'aurait pas lieu, si on pouvait, dès à présent, apprécier l'animal. Comme il n'est pas tout-à-fait égal d'amener à l'abattoir telle ou telle jeune vêle, on n'y conduirait que celle dont on n'espérerait rien, et on garderait celle qui promettrait un lait butireux et abondant.

Mais est-il bien possible de connaître, dès à présent, ce que sera une jeune vache, lorsque les cultivateurs, les gens qui ont sans cesse des vaches sous les yeux, qui sont versés dans cette partie (et dans combien de contrées de la France n'a-t-on pas même d'autre industrie), lorsque, dis-je, ceux qui font le commerce de ces animaux n'ont, à cet égard, aucune donnée certaine, et qu'il faut constamment attendre que le temps soit venu confirmer ou détruire des espérances jusque-là fort chanceuses? Oui, il est des marques positives, non équivoques, infaillibles, auxquelles on peut juger une jeune vache dès l'âge le plus tendre et l'apprécier sans erreur; ces marques, le but du présent ouvrage est de vous les indiquer, de vous les faire reconnaître, à l'aide de lithographies représentant chaque espèce et chaque variété de vaches; ces marques, que la nature elle-même a imprimées à chaque individu, selon sa catégorie, sont visibles à l'œil. Mais il a fallu un esprit observateur pour y faire attention, pour y réfléchir, pour asseoir sur leurs différences des jugemens différens et toujours justes. Il a fallu des expériences nombreuses et sans cesse répétées, des comparaisons sans cesse renouvelées d'animal à animal, d'espèce à espèce, de catégorie à catégorie, de saison à saison, de lieux à lieux. Il a fallu méditer, calculer, combiner, rectifier des erreurs, établir des classes, des ordres dans chaque classe, des degrés dans chaque ordre, en un mot, suivre la nature dans toutes ses variations et ses caprices.

Ce n'est donc pas une œuvre de charlatan que j'offre également à tous, c'est une œuvre de conscience et de raisonnement ; c'est le fruit de vingt-cinq années de travaux toujours assidus, pénibles et souvent très-dispendieux. Ce n'est qu'après un si long temps consacré uniquement à cette importante étude, lorsque de nombreuses expériences ne me laissent plus rien à désirer, lorsque je ne puis douter de la certitude de ma méthode, que je me décide à faire part au public de mon secret, heureux, si dans le cours de ma vie j'ai pu, dans l'obscurité et le silence, faire une découverte utile à l'humanité !

Et maintenant, jeune mère, si le ciel vous refuse le bonheur de nourrir vous-même votre enfant, si vous ne voulez pas le confier à un sein mercenaire, vous pourrez vous assurer que le lait que vous lui donnerez sort d'une vache qui le fournit bon. Vous, jeune fille, qui le buvez pour adoucir les douleurs intérieures de votre poitrine, vous pourrez aussi le boire avec la certitude qu'il est bien tel que vous le désirez. Vous tous, consommateurs, qui le savourez si délicieusement ; vous qui le faites entrer comme base dans tant de mets friands ; vous qui le battez dans la baratte pour en faire le beurre, cette substance si essentielle pour la cuisine du riche et du pauvre, ou qui le durcissez en fromage, qui ira orner le dessert d'une table somptueuse ou fournir le modeste repas d'une laborieuse famille ; vous qui le renfermez dans des boîtes de conserve pour qu'il aille, dans l'Inde, réparer un estomac délabré par les fatigues de la mer ou les excès de l'oisiveté, vous aurez un moyen positif de vous assurer que le lait que vous employez a toutes les qualités que vous lui souhaitez pour remplir votre but. Enrichir mon pays d'une découverte utile, procurer aux propriétaires de vaches une plus grande aisance, de l'agrément à tous, voilà le mien. Si le public accueille favorablement l'ouvrage que je lui soumets aujourd'hui, je pourrai lui faire connaître le résultat de mes observations sur d'autres mammifères domestiques, tels que brebis, chèvre, cheval, etc., et dont il pourra, je l'espère, retirer quelque utilité.

PRÉCIS DE LA DÉCOUVERTE.

Pour faire l'histoire de ma découverte, il faut que je parle de moi. Mon récit sera court et succinct, quoique mes travaux aient été fort longs. Mais telle est la condition de presque toutes les découvertes : il faut méditer long-temps ce qu'un seul moment a fait apercevoir. On verra que pour moi les difficultés s'augmentaient encore.

Je suis fils d'un jardinier ; long-temps je pratiquai moi-même l'état de mes pères. La nature m'avait fait observateur ; j'aimais à faire des rapprochemens, des comparaisons, à tirer des conséquences. Depuis long-temps une idée m'occupait : c'était que j'étais appelé à faire quelque découverte importante dans la branche d'industrie que j'exploitais. Cette idée était-elle une pensée d'orgueil ? Quoi qu'il en soit, elle s'enracina dans mon esprit, elle devint pour moi une idée fixe. Dans le but de parvenir à cette découverte désirée, j'étudiai les ouvrages des plus savans botanistes et agronomes ; j'appris la géométrie, et ce que je crus m'être nécessaire de l'art du dessin. Je m'appliquai à suivre toutes les ramifications du règne végétal, et à reconnaître exactement les signes extérieurs auxquels on pouvait différencier les espèces de plantes et végétaux, et apprécier à l'avance leurs qualités et leurs produits.

C'était beaucoup, sans doute ; mais cette idée qui me poursuivait partout, ce je ne sais quoi qui me poussait, ne me permettait pas de m'arrêter. J'étais comme Ashavérus sous la main de l'ange ; une voix intérieure me criait sans cesse : Marche ! et force me fut de marcher ; mais je pouvais entrevoir le but vers lequel je tendais.

Le hasard fit découvrir la fameuse pourpre de Tyr ; le hasard offrit à mes yeux une observation qui fait toute la base et le fondement de ma méthode. J'avais quatorze ans, et j'allais, selon l'usage de la campagne, paître l'unique vache de la maison. Je l'aimais beaucoup, et je la connaissais parfaitement. Un jour que par passe-temps je m'amusais à gratter les épis que formait le rebours du poil au derrière de ma pauvre compagne, je m'aperçus qu'il s'en détachait une espèce de son assez abondant. Cette particularité attira mon attention ; je me rappelai avoir ouï dire à un de mes ascendans que les vaches devraient avoir des signes extérieurs auxquels ont pût reconnaître leurs qualités et leurs défauts, comme on peut connaître aux lignes de la peau des végétaux et à leur feuillage, leurs qualités et leur force vitale. Cette réflexion cadrait absolument avec les miennes. Raisonnant par induction, j'arrivai à cette conclusion que si, dans le règne végétal, il existait des signes qui indiquaient positivement les bonnes ou mauvaises qualités des plantes, il devait exister aussi, dans le règne animal, des signes analogues, auxquels on pouvait reconnaître extérieurement les qualités et les défauts d'un animal quelconque, et je crus avoir découvert un de ces signes.

Mais quelques conséquences que je tirasse de cette première donnée, ce n'était encore qu'une brillante théorie que l'expérience pouvait démentir; il fallut donc en appeler à la nature elle-même. La vache que je gardais était bonne; j'ai déjà dit que je la connaissais bien; je cherchai autour de moi, dans les vaches qui étaient à ma portée, et qui m'étaient connues, si je retrouverais les mêmes signes que dans la mienne. J'allai donc faire tomber de ce son, dont l'abondance ou la rareté me fixait; je ne manquais pas de comparer chaque nouvelle vache à la mienne, puis je décidais du degré d'égalité, de supériorité ou d'infériorité.

Dès-lors rien ne me coûta pour poursuivre mes

observations. Je ne m'épargnai aucune fatigue ; souvent j'ai fait plusieurs lieues pour aller examiner une vache. Comme j'étais fier lorsqu'ayant jugé un individu, les réponses aux questions dont je ne craignais pas d'accabler le propriétaire, venaient confirmer mon jugement ! Combien de fois a-t-on cru que je connaissais à l'avance la bête que j'appréciais ! On était tout étonné d'un secret que je me gardais bien de communiquer.

En comparant ainsi les vaches entre elles, j'eus lieu de remarquer que les épis qui produisaient le son qui d'abord était mon seul régulateur, variaient dans leur forme et dans chaque individu. De là de nouvelles méditations, de nouveaux raisonnemens. Enfin, en 1814, j'acquis la conviction que c'était à ces différens signes qu'on pouvait reconnaître les défauts et les qualités de chaque animal. Dès-lors ma découverte était faite ; mais il fallait la réduire en système, l'appuyer de preuves surtout, pour faire passer ma propre conviction dans l'esprit d'autrui. C'est ici que j'eus besoin de tout mon courage et de toute ma persévérance.

Il ne suffisait pas en effet d'avoir découvert des signes caractéristiques, il fallait s'assurer que les mêmes signes indiquaient toujours d'une manière sûre et positive les mêmes défauts et les mêmes qualités. Pour cela il fallait étudier une foule d'individus, les comparer entr'eux et relativement à leurs pays, à leur stature, à leur production. Ce n'était pas tout, il fallait les classer. Qu'on se figure quel travail cette étude devait m'offrir, à moi, simple enfant de la nature, qui n'avais aucune idée d'une pareille classification, et qui me voyais dans la nécessité d'en établir une. Cette recherche devait m'absorber ; je renonçai à mon industrie habituelle ; je parcourus à grands frais les marchés, les foires, les grandes vacheries ; j'interrogeai les gens les plus experts dans la partie, agriculteurs, marchands de bétail, vétérinaires ; je me convainquis que ma remarque n'avait été faite par personne. Les indices variaient selon l'opinion des individus. Les uns se fixaient sur la forme des cornes, d'autres sur celle du pis ; ceux-ci se déterminaient d'après la structure ou la couleur du poil de l'animal, ceux-là d'après telle ou telle autre raison. Mais dans ces divers motifs d'appréciation tout était vague et incertain. Je m'affermis dans la croyance que j'avais fait l'importante découverte de signes positifs ; et pour m'assurer de plus en plus de la fixité des principes sur lesquels je voulais fonder ma méthode, j'eus soin de revenir dans les mêmes lieux, à différentes époques, à différentes saisons, pour suivre et reconnaître les variations que subissait la nature. Je notai exactement mes observations, et je pus me flatter d'avoir acquis une masse d'expériences qui me permirent de donner du fond à mon raisonnement, de la consistance à mon système, et qui, enfin, tournèrent en certitude, ce qui n'avait d'abord été pour moi qu'une conjecture probable.

En 1822, je commençai à faire pour mon compte le commerce des vaches. Cette profession me faisant passer sous les yeux des vaches de toutes les contrées, soit de la Suisse, de la Hollande, de la Bretagne, du Poitou, etc., je pus plus librement examiner les signes de ces races différentes. Je multipliai mes expériences, et de nouveau je me convainquis que tous les individus qui avaient les mêmes marques appartenaient à la même famille, quel que fût d'ailleurs le sol qui leur eût donné naissance ; que ces marques indiquaient constamment le même degré de supériorité ou d'infériorité ; qu'en un mot, la nature, toujours semblable à elle-même, agissait toujours et partout de la même manière, et se gouvernait toujours par les mêmes lois.

Depuis sept à huit ans, je m'étais occupé sans relâche à mettre de l'ordre dans mes observations, de l'ensemble dans mon œuvre. J'établis une classification selon la forme des marques, je divisai les animaux par classes ou familles ; puis , dans chacune de celles-ci , je formai une seconde division de taille grande , moyenne , petite ; enfin , chaque taille fut encore subdivisée en ordres , suivant le décroissement et la déformation des marques distinctives , travail immense pour moi , et qui m'a coûté des peines , des soins et une perte de temps que je ne saurais apprécier , mais dont on peut se former une idée , si on veut bien songer à tout ce qu'il m'a fallu d'études naturelles (car les études scientifiques me manquaient) , de comparaisons , de combinaisons , pour mettre de l'ordre dans mes matières , et me former une idée nette et précise de ma découverte.

Ces difficultés, qui eussent peut-être rebuté tout autre que moi , ne m'étonnèrent point. Il m'a fallu tout créer , j'ai tout créé. En 1828 , j'adressai à l'académie de Bordeaux une demande à l'effet de faire examiner et vérifier mon système. Toutefois je ne voulus point alors dévoiler mon secret entièrement , mais seulement en constater les résultats , et la réalité de ma découverte. L'académie , sans adopter mes conclusions , fit néanmoins mention honorable de moi , dans sa séance du 5 juin suivant , où elle s'exprima ainsi :

« Le sieur François Guénon , de Libourne , pos-
» sesseur d'une méthode qu'il croit infaillible pour

» juger, à la simple vue, de la bonté des vaches
» laitières et de la quantité de lait que chacune
» d'elles peut donner, a supplié l'académie de
» faire vérifier par des épreuves réitérées l'effica-
» cité de cette méthode. Il était question d'une ma-
» nière de juger dont le possesseur se réservait le
» secret. D'un autre côté, il paraissait difficile
» d'admettre que les signes extérieurs, quels qu'ils
» fussent d'ailleurs, d'après lesquels juge le
» sieur Guénon, fussent toujours en rapport pro-
» portionnel avec la quantité de lait fourni ; ce-
» pendant l'académie a cru devoir nommer une
» commission chargée d'examiner.

» Des épreuves ont été faites avec le soin et les
» précautions nécessaires pour prévenir toute col-
» lusion ; elles ont eu lieu sur trois troupeaux
» comptant en tout trente têtes, et ont prouvé à
» la commission que le sieur Guénon possède réel-
» lement une grande sagacité dans la partie. Ce-
» pendant, tant que sa méthode sera un secret,
» elle ne peut être ni appréciée, ni récompensée
» par l'académie.

» D'après ces considérations, l'académie s'étant
» préalablement assurée que le sieur Guénon con-
» sentait à subir toutes les épreuves qui seraient
» exigées, et à faire connaître sa méthode, si on
» lui offrait en retour un juste dédommagement,

» l'a renvoyé pardevant M. le préfet, et s'est
» chargée de le recommander à la bienveillance
» de ce magistrat, toujours prêt à seconder ce qui
«tend à quelque amélioration. »

Les choses en restèrent là ; je ne me décidai point alors à mettre le public dans ma confidence, mais je n'en continuai pas moins mes recherches et mes expériences pour perfectionner ma découverte. En 1837, le comice agricole de Bordeaux voulut se convaincre par lui-même de ce qu'il y avait de réel dans mon système. Le résultat surpassa l'attente du comice, et les expériences qui furent faites devant la commission nommée à cet effet, ne laissèrent plus de doute sur la certitude de ma méthode. Voici en quels termes s'exprime cette commission dans son rapport :

COMICE AGRICOLE DE BORDEAUX.

Découverte-Guénon.

(VACHES LAITIÈRES.)

Rapport au comice agricole de Bordeaux.

MESSIEURS,

« La commission que vous avez nommée à l'effet de pro-
» céder à l'examen des découvertes du sieur François
» Guénon, de Libourne, a l'honneur de vous soumettre le
» résultat de ses observations

» Le sieur François Guénon a établi une méthode natu-
» relle au moyen de laquelle on peut facilement reconnaître
» et classer les diverses espèces de vaches laitières, selon :

» 1° La quantité de lait qu'elles peuvent donner par
» jour ;

» 2° Le temps plus ou moins prolongé qu'elles tiennent
» leur lait ;

» 3° La qualité de leur lait.

» Jusqu'à ce jour, Messieurs, les auteurs et les profes-
» seurs qui se sont le plus spécialement occupés de la race
» aumaillère, n'avaient indiqué que des signes assez vagues
» pour l'appréciation des qualités des vaches plus ou moins
» propres à la sécrétion du lait.

» Après plus de vingt ans d'observations et de recherches,
» le sieur Guénon est enfin parvenu à découvrir des signes
» naturels et positifs qui servent de base à sa méthode,
» désormais à l'abri de toute erreur.

» Comprenant que votre commission avait besoin d'être
» pleinement convaincue, et qu'elle ne recevrait qu'avec
» une certaine défiance toute appréciation qui, dans l'exa-
» men qu'il se proposait de faire devant elle, ne reposerait
» pas sur des faits, le sieur Guénon lui a fait connaître d'a-
» bord, et sans restriction aucune, les signes positifs sur
» lesquels il a établi sa méthode ; au moyen de ces signes
» toujours extérieurs et apparens, il a fait huit classes ou
» familles qui embrassent l'ensemble des vaches prises sur
» tous les points du royaume. Ces classes ou familles se divi-
» sent chacune en trois sections, comprenant les vaches de
» haute, moyenne et petite taille, lesquelles se subdivisent
» elles-mêmes en huit ordres.

» Au moyen de cette classification aussi claire que simple,
» on reconnaîtra facilement dans un groupe de vaches :

» 1° celles susceptibles de donner depuis vingt-quatre litres
» de lait par jour, et d'en suivre rigoureusement la diminu-
» tion sur chacune, jusqu'à celles enfin dont le produit est
» tout-à-fait nul ou à peu près; 2° d'apprécier les qualités
» du lait, soit comme butireux, soit comme séreux; 3° de
» préciser le temps pendant lequel l'animal maintiendra son
» lait durant la gestation prochaine.

» Cette méthode si précieuse pour l'application qu'on peut
» en faire, soit qu'on s'occupe du produit du lait seulement,
» soit qu'on veuille s'en servir pour l'amélioration de la
» race, que des accouplemens mal dirigés font dégénérer de
» plus en plus, reçoit un intérêt bien puissant, lorsqu'on
» pense qu'elle s'étend tout à la fois aux animaux déjà faits,
» et aux vêles âgées de trois mois. Ainsi, d'une part elle
» donne le moyen de juger sûrement des sujets qui ont at-
» teint tout leur développement dont on espère souvent beau-
» coup à cause de leur origine et de leurs formes, et dont le
» produit ne sera cependant jamais abondant; de l'autre,
» elle assure l'avenir des troupeaux, en faisant éloigner, dès
» les premiers mois, les vêles qui ne doivent pas un jour in-
» demniser des peines et des frais de leur éducation.

» Ces résultats, si vainement cherchés jusqu'à ce jour, de-
» vaient-ils se démontrer par l'expérience ? C'est ce que vo-
» tre commission avait à vérifier. La méthode de l'auteur lui
» étant connue, elle tenait à s'assurer jusqu'à quel point les
» signes essentiels qui la constituent doivent et peuvent re-
» cevoir une application rigoureuse.

» En conséquence, pendant plusieurs jours, elle s'est
» transportée dans divers parcs, situés dans des localités op-
» posées, afin d'opérer sur des races différentes, et n'of-
» frant pas toujours les mêmes caractères. Elle pense de-
» voir entrer dans quelques détails sur la manière de pro-

» céder qu'elle a suivie , persuadée que vous pourrez par là
» mieux saisir le mérite de cette méthode , et que vous juge-
» rez plus sûrement aussi de tout l'intérêt et de toute la pro-
» tection que vous devez donner à une découverte que l'au-
» teur vous soumet avec d'autant plus de confiance qu'elle
» se rattache directement à la prospérité agricole.

» Les vaches soumises à l'examen étaient prises séparé-
» ment les unes des autres. Un des membres de la commis-
» sion inscrivait les dires du sieur Guénon , et immédiate-
» ment après, on adressait au propriétaire qu'on avait fait
» éloigner les questions qui pouvaient confirmer ou dé-
» truire le jugement porté. C'est ainsi que nous avons exa-
» miné avec le plus grand soin, et en tenant note des faits et
» observations de toutes les personnes présentes, plus de
» soixante vaches ou vêles, et nous devons déclarer que les
» indications données sur chacune d'elles, soit quant à la
» quantité du lait, soit quant à sa durée pendant la gesta-
» tion, soit enfin sur sa qualité plus ou moins séreuse ou
» butireuse, ont toujours été trouvées exactes. Seulement
» quelques légères différences dans l'appréciation de la quan-
» tité du lait, avaient pour cause, comme nous en avons ac-
» quis la conviction, une nourriture plus ou moins abon-
» dante donnée aux animaux.

» Cette première épreuve semblait déjà, par ses résultats,
» concluante pour votre commission, lorsqu'une nouvelle
» force lui a été donnée, dans un second examen, par la
» présence du frère du sieur Guénon: votre commis-
» sion tirant parti de cette circonstance a fait examiner les
» mêmes vaches par les deux frères, mais séparément, de
» sorte que l'un ayant donné son opinion basée sur le sys-
» tème qui lui est commun, l'autre qui avait été éloigné,
» était appelé à son tour, et en l'absence de son frère, à

» porter un jugement sur le même sujet. Cette manière d'o-
» pérer devait nécessairement amener des différences, des
» contradictions même dans l'appréciation des sujets sou-
» mis à leur examen, si toutefois leur méthode n'était ni
» sûre ni positive. Eh bien ! messieurs, nous devons le dé-
» clarer, cette dernière expérimentation a été décisive ; car
» nous avons constaté que non-seulement les indications des
» frères Guénon étaient parfaitement semblables, mais aussi
» qu'elles concordaient avec les déclarations des propriétai-
» res, relativement à toutes les qualités et à tous les défauts
» des divers sujets examinés.

» Pour les propriétaires et pour les personnes présentes,
» ces examens avaient quelque chose d'autant plus surpre-
» nant, qu'ils étaient prompts, et que les résultats en étaient
» certains. Et cependant il était facile de s'apercevoir qu'ils
» avaient peu de confiance dans cette découverte, qu'ils ne
» comprenaient pas, et qu'ils attribuaient simplement le sa-
» voir du sieur Guénon à une grande habitude de voir des
» vaches. Quant à nous, messieurs, pour qui la méthode
» employée n'était plus un secret, comme nous vous l'avons
» déjà dit, c'est avec un intérêt et un étonnement toujours
» croissans que nous suivions ces examens souvent répétés
» et toujours exacts. Deux membres surtout de votre commis-
» sion, que leurs études spéciales et leurs connaissances
» physiologiques des animaux domestiques recommandent
» d'une manière particulière, avaient, dès la première opé-
» ration, compris toute la force et toute la vérité du système
» dont les heureuses applications se multipliaient sous nos
» yeux. Ce système, Messieurs, nous ne craignons pas de
» le dire, est infaillible. Les signes qui le constituent, tou-
» jours constans, invariables dans la position qu'ils occu-
» pent, sont fortement empreints par la nature sur l'animal.

» Leur appréciation devient facile puisqu'il ne s'agit , après
» les avoir examinés , que de trouver sur un tableau dessiné
» à cet effet, les signes semblables , auxquels répond une
» explication brève mais précise qui donne la mesure cer-
» taine des qualités ou des vices de l'animal , en même temps
» qu'elle indique la classe et l'ordre où il doit être placé
» naturellement. C'est en examinant ainsi , et les signes si
» naturels si positifs, sur l'animal, et leur figure exactement
» reproduite au tableau explicatif, que dès la première ex-
» périence, les membres de votre commission ont pu en faire
» eux-mêmes une application qui s'est , comme celle du sieur
» Guénon , trouvée justifiée par les faits.

» Aussi, Messieurs, dans l'élan de notre admiration ,
» avons-nous vivement regretté que le comice entier n'ait
» pu prendre part aux expériences ; mais de consolantes es-
» pérances nous sont données : le sieur Guénon, qui ne veut
» pas faire un secret de ses heureuses découvertes , mettra
» bientôt chacun de vous à même de les utiliser. Il se propose,
» aussitôt qu'il aura atteint le chiffre de trois mille souscrip-
» teurs, de publier un ouvrage dans lequel son système, com-
» plètement développé, se montrera sous le jour de la plus
» grande lucidité. Les signes distinctifs de chaque classe et de
» chaque ordre y seront exactement décrits et représentés par
» des planches gravées ou lithographiées , correspondant
» par numéros à leurs définitions respectives. Le produit
» que chaque espèce pourra journellement donner depuis
» le premier âge jusqu'au dernier y sera indiqué.

» Au moyen de ce tableau fidèle, accessible à toutes les
» intelligences, les erreurs cesseront, et le savoir de l'ap-
» préciation du bétail se répandra dans toutes les classes agri-
» coles. Bientôt on n'emploiera pour la reproduction que des
» vaches et des taureaux de premier ordre. Alors on relèvera

» cette race abâtardie par de mauvais accouplemens ; et,
» comme dans les autres espèces d'animaux domestiques, on
» pourra obtenir des sujets de pur sang. Alors, guidé par une
» connaissance certaine de ce que doivent être un jour les
» divers produits, on ne gardera plus, et à grands frais, pen-
» dant trois ou quatre années, des vêles dont la sécrétion du
» lait ne serait que minime et appauvrie. Dès-lors enfin, on
» ne livrera aux bouchers que les veaux ou les vêles d'un
» ordre inférieur.

» Par toutes ces considérations, vous n'hésiterez pas,
» Messieurs, à encourager le sieur François Guénon dans la
» publication et la propagation d'un système qui promet
» à l'agriculture de nouveaux moyens de richesses. Quel-
» ques vaches en effet ne suffisent-elles pas pour faire vivre
» un grand nombre de familles pauvres qui habitent près
» des grandes villes où se fait toujours une grande consom-
» mation de lait? La fabrication du beurre et du fromage ne
» donne-t-elle pas lieu à un commerce très-étendu dans un
» grand nombre de provinces, telles que la Bretagne, la
» Normandie, les Pyrénées, etc. ? La Hollande et la Suisse
» enfin, pays de beaux et bons pacages, ne doivent-ils pas
» à cette branche d'industrie agricole, une prospérité
» qui se reproduit toujours sans jamais s'affaiblir, prospé-
» rité moins prompte, moins brillante, peut-être, que
» celle qui naît des opérations lointaines et hardies du tra-
» fic, mais du moins plus sûre pour ceux qui s'y livrent ; qui
» ne trompe jamais, attache et lie plus que tout autre
» l'homme à la patrie comme à la morale, et semble placée
» à l'abri des orages politiques, devant lesquels s'écroulent
» si souvent tant de hautes fortunes.

» Signé GUICHENET, *vétérinaire du département ;* LECONTE ; F. PÉLISSIER. »

Le comice, ouï le rapport de la commission, décerne à M. François Guénon : 1° une *médaille d'or ;*

2° Souscrit pour cinquante exemplaires de son ouvrage sur les *vaches laitières ;*

3° Le proclame membre du comice agricole ;

4° Ordonne que le rapport de la commission soit imprimé à mille exemplaires, afin d'être distribué aux divers comices de France.

Délibéré, en séance générale, à l'hôtel de la préfecture, le 4 juillet 1837.

Pour extrait conforme :

Le secrétaire général du comice,

Signé Richier.

COMICE AGRICOLE D'AURILLAC.

Dans sa séance générale du 26 mai 1838, le comice rend ainsi compte, dans un rapport dont je vais faire l'extrait, des expériences que j'avais été appelé à faire devant lui :

Rapport de la société centrale d'agriculture du Cantal.

« Messieurs,

» Un agriculteur de Libourne, M. François Guénon, a » établi une méthode qu'il croit infaillible, au moyen de la- » quelle on peut juger et classer, à la simple inspection, les » diverses espèces de vaches laitières, reconnaître la quantité » et la qualité du lait qu'elles peuvent donner par jour, » ainsi que le temps plus ou moins prolongé qu'elles le » maintiennent.

» Déjà une commission nommée par le comice agricole
» de Bordeaux, composée de plusieurs agriculteurs instruits
» et d'un vétérinaire très-distingué du département de la
» Gironde, a reconnu, après de nombreuses épreuves,
» l'efficacité du système de M. Guénon, et a publié le ré-
» sultat de ses observations dans un rapport fort remar-
» quable qui a été adressé à tous les comices agricoles de
» France.

» Votre société, considérant que cette découverte pou-
» vait être d'une haute importance pour notre pays, qui
» tire son principal revenu du produit des vaches laitières,
» est entrée en relation avec son auteur, et a accepté avec
» empressement l'offre qu'il a bien voulu lui faire de venir
» expérimenter en Auvergne.

» Hier, 25 mai, M. Guénon est arrivé à Aurillac ; il s'est
» rendu avec les membres de votre commission à la ferme de
» Veyrac, chez l'honorable président de votre société. Il a
» examiné avec la plus grande attention la belle vacherie de
» ce domaine, laquelle se compose de cent vaches laitières
» des meilleures espèces du pays. Il a commencé ensuite ses
» expériences sur plusieurs vaches qui lui ont été présen-
» tées, et qui avaient été choisies à dessein parmi les meil-
» leures, les médiocres et les plus mauvaises laitières.
» M. Guénon a donné sur chacune d'elles, séparément, des
» indications précises, soit quant à la quantité de lait
» qu'elles donnaient par jour, soit quant à sa durée pen-
» dant la gestation. Nous devons vous avouer, Messieurs,
» que ces déclarations ont été presque toujours conformes à
» celles des vachers. Nous n'avons eu à signaler que quelques
» légères différences dans l'appréciation de la quantité de
» lait. A ce sujet, nous vous ferons observer que les vaches
» de ce domaine sont toujours bien nourries avec du trèfle

» ou avec d'autres fourrages artificiels qui augmentent con-
» sidérablement la quantité de lait , ce qui a pu occasionner
» l'erreur de M. Guénon, qui trouvait un produit un peu
» inférieur à celui que ces vaches avaient réellement , et
» qui , du reste , ignorait entièrement les usages du pays
» pour la nourriture des bestiaux (1).

» Afin de convaincre entièrement votre commission de la
» vérité de la découverte , M. Guénon nous a fait connaître
» les différens signes sur lesquels il a établi sa méthode ; au
» moyen de ces signes qui sont extérieurs et apparens, et tra-
» cés par la nature sur tous les animaux , il a fait huit clas-
» ses ou familles qui comprennent l'ensemble des vaches
» prises dans les différentes provinces de France ; chaque
» classe se divise en huit ordres, lesquels se subdivisent
» aussi en trois sections , qui comprennent les vaches de
» haute, moyenne et basse taille.

» D'après les nombreuses observations de l'auteur , toutes
» les vaches appartiennent à une de ces classes ou familles ,
» et entrent dans l'un des ordres désignés. Chaque classe
» possède des marques différentes de formes et de grandeurs,
» qui sont très-faciles à distinguer à la simple inspection.
» Selon lui , les vaches des premiers ordres de chaque classe
» sont les meilleures , et leur produit en lait est toujours
» proportionné à leur ordre , de manière que les deux pre-
» miers sont les plus productifs , le troisième et le quatrième
» passablement bons , et les autres les plus mauvais en pro-
» portion.

---

(1) Voyez ce que dit à ce sujet le rapport du comice agricole de Bordeaux, et ce que je dis moi-même des différences que produit la différence
de nourriture, au chapitre des vaches en général.

» M. Guénon a fait en notre présence l'application de son
» système sur plusieurs vaches qui lui ont été présentées
» de nouveau, et sur lesquelles il nous a fait remarquer leurs
» différens signes qui étaient plus ou moins grands et variés,
» selon que les vaches étaient bonnes ou mauvaises laitières.
» Il nous a dit que son système pouvait également s'appli-
» quer aux jeunes animaux, et qu'on pouvait juger avec
» certitude leurs qualités pour la production du lait. En ef-
» fet, il nous a fait distinguer les mêmes signes sur des
» taureaux destinés à la monte prochaine, et sur de jeunes
» vêles de trois à quatre mois. Les vachers ont déclaré que
» les jeunes génisses qui avaient été classées aux premiers
» ordres appartenaient à des mères qui donnaient une
» grande quantité de lait. Deux superbes taureaux pro-
» venant de la belle race de Salers, pareils d'âge, de poil
» et de grosseur, ont été jugés par M. Guénon d'une ma-
» nière bien différente : l'un a été jugé bon et classé au pre-
» mier ordre de la classe flandrine, et l'autre mauvais au
» cinquième ordre de la classe carrésine (1). Il a établi son
» jugement par des comparaisons fort justes, et nous a
» fait remarquer la différence qui existait dans les signes de
» ces animaux.

» Aujourd'hui, 26 mai, M. Guénon a fait de nouvelles ex-
» périences sur le champ de foire de la ville d'Aurillac, en
» présence de plusieurs membres de la société centrale d'a-
» griculture ou des comices agricoles, et d'un grand nom-
» bre de propriétaires et cultivateurs du Cantal et des dépar-
» temens voisins. Voici la manière dont votre commission a

---

(1) Voyez les noms des différentes classes. (Chapitre des vaches en particulier.)

» cru devoir procéder. Chaque vache était examinée sépa-
» rément par M. Guénon, qui écrivait ses notes sur un
» bulletin qui était fermé et remis à l'un de nous. Immédia-
» tement après cet examen, un autre membre de la com-
» mission adressait au propriétaire ou à la personne qui con-
» duisait la vache, des questions sur la quantité et la
» qualité du lait que l'animal présenté donnait par jour et
» sur le temps qu'il le conservait pendant la gestation ; on
» écrivait cette déclaration et on donnait lecture ensuite du
» bulletin écrit par M. Guénon. En général, ses dé-
» clarations se sont trouvées conformes à celles des proprié-
» taires, et ont prouvé aux membres de votre commission et
» à toutes les personnes présentes , qui suivaient avec in-
» térêt toutes ces expériences, que M. Guénon possède une
» grande sagacité dans la connaissance des bestiaux, et que
» son système repose sur des bases certaines.

» Un fait particulier est venu nous confirmer encore dans
» cette opinion : un malicieux fermier a fait examiner de
» nouveau une vache qui avait déjà été jugée et classée ; la
» dernière déclaration de M. Guénon a concordé parfaite-
» ment dans toutes ses parties avec celle qu'il avait précé-
» demment écrite.

» La méthode de M. Guénon n'a pas le mérite d'une
» brillante théorie ; elle est basée sur des faits et sur une
» longue expérience. Ce n'est qu'après des épreuves réité-
» rées, et après vingt-cinq ans de laborieuses recherches,
» que son auteur est parvenu à l'établir.

» Nous pensons, Messieurs, que vous devez encourager
» M. Guénon dans la publication d'un système qui nous pa-
» raît destiné à exercer une heureuse influence sur l'amé-
» lioration de l'une des parties les plus importantes de l'é-
» conomie rurale. Quels avantages immenses ne retirerait-on

» pas, surtout en Auvergne, où l'élève des bestiaux et la fa-
» brication du fromage forment la principale industrie du
» pays, d'une méthode qui nous permettrait de pouvoir recon-
» naître, d'une manière certaine, les bonnes et les mauvaises
» vaches. En appliquant ce système aux jeunes vêles et aux
» taureaux nous releverions bientôt notre race et nous ne
» conserverions dans nos montagnes que d'excellentes va-
» ches laitières.

» D'après toutes ces considérations, les membres de votre
» commission ont l'honneur de vous proposer, 1° de décer-
» ner à M. Guénon, à titre d'encouragement, une médaille
» d'or, à l'effigie d'Olivier de Serres ;

» 2° De le proclamer membre correspondant de la société ;

» 3° De souscrire à vingt-cinq exemplaires de son ouvra-
» ge, qui seront distribués à tous les comices agricoles du
» département ;

» 4° De faire insérer le présent rapport dans le *Propaga-
» teur agricole*, et d'en envoyer un exemplaire à tous les pré-
» fets et aux différentes sociétés agricoles de France.

> » Signés : le comte de Saignes ; G. de Lalaubie ;
> » le général baron Higonet ; V. de Pruines,
> » *rapporteur de la commission.* »

Nota. Dans la même séance, la société centrale d'agriculture du Cantal a adopté les conclusions de la commission.

D'après ces témoignages si honorans pour moi,
je viens avec confiance publier ce que j'ai médité
dans le silence et le travail. Chacun pourra, à
l'aide de lithographies attachées à cet ouvrage,
reconnaître aisément les marques distinctives de

chaque animal. Ces marques sont visibles sur chaque vache, à la partie postérieure, entre le pis et la vulve. Ce sont des espèces d'écussons de différentes formes et grandeurs, et formés par des lignes de contre poil tantôt verticales, tantôt transversales, dont les variétés indiquent la classe et l'ordre auxquels appartient l'individu.

C'est à ces signes que tout le monde pourra se fixer, en suivant les indications que je donnerai en parlant de chaque classe de vaches en particulier. C'est là ce que tout le monde a vu ou pu voir, et sur quoi personne n'a réfléchi. Rien n'a pu me retenir; ni des frais frustratoires énormes pour moi, ni le décri de la malveillance, ni le froid accueil de l'indifférence, ni le sourire de l'incrédulité. Fort de ma conviction, elle seule m'a soutenu dans mes nombreuses tribulations, elle seule m'a ranimé quand tout concourait à m'abattre.

DES VACHES

EN GÉNÉRAL.

J'ai dit que la race bovine était plus particulièrement sous la main de l'agriculteur : aussi plusieurs agronomes et savans naturalistes nous ont-ils laissé d'excellens écrits sur cette espèce si intéressante en général, et sur les vaches laitières en particulier. Mais toutes leurs observations roulent sur des descriptions différentes de ces animaux, sur les variétés des races, sur quelques préceptes de théorie et quelques vérités nouvelles dont ils ont enrichi la science. Toutefois, quant aux vaches laitières, je n'ai pas vu qu'aucun de ces écrivains ait donné rien de précis pour ce qui concerne leur produit et la qualité ; tout se borne à quelques inductions vagues et souvent erronées ; chacun a sa théorie et juge à sa manière. J'ai pu, ainsi que je l'ai dit, me convaincre qu'à cet égard il n'y avait encore rien de fixe, et que ma méthode était aussi neuve pour le fond que pour la forme. Avant d'entrer dans aucune description particulière, je crois utile de jeter un coup d'œil sur la race aumaillère en général, et d'y ajouter quelques observations, générales aussi, sur les vaches laitières.

Et d'abord, quoique tous les naturalistes et agronomes soient d'accord sur l'influence qu'exercent sur le produit les qualités ou les défauts du mâle et de la femelle, c'est un point essentiel qui n'est que trop négligé dans les campagnes. On est bien loin de chercher à conserver les races pures, encore moins à les améliorer ; on croise au hasard un taureau d'une classe avec une vache d'une autre, quoique de la même race, d'où il résulte un produit qui tombe dans une nouvelle classe, différente encore. Cependant mes expériences m'ont mis à même de constater qu'un taureau d'une haute taille accouplé à une vache de basse taille produira un croît plus fort que la mère ; qu'au contraire, une bonne vache, saillie par un mauvais taureau, donnera un descendant toujours inférieur à elle, quant au produit. Un taureau du premier ordre, de quelque classe que ce soit, allié à une vache inférieure, donnera un produit supérieur à la mère. On sent aisément que le descendant sera toujours bien meilleur si, dans chaque classe, on allie des sujets du premier ordre. Que si, au contraire, on accouple des individus de classes et d'ordres différens, il en résultera un produit qui souvent n'appartiendra ni à la classe du père ni à celle de la mère, mais qui tombera dans une autre classe et un autre ordre qu'on ne pourra distinguer qu'aux signes caractéristiques qui devront être établis comme je l'indiquerai ci-après. Enfin, chaque classe a ses bâtardes, c'est-à-dire, des individus qui, quoique ressemblant entièrement aux classes originaires, en diffèrent cependant beaucoup pour le produit. Cette ressemblance est une source d'erreurs continuelles ; j'indiquerai les signes auxquels on peut reconnaître ces vaches bâtardes.

Il est donc très-essentiel de ne faire saillir les vaches que par des taureaux de bonne qualité ; mais à quoi les reconnaître ? les signes sont les mêmes que chez les vaches, mais plus resserrés ; il n'y a qu'à y apporter le soin nécessaire. Mais il est bien entendu que dans toutes les classes et dans tous des ordres, la haute taille est toujours préférable ; qu'il ne faut rien épargner pour la nourriture, et qu'il faut être soigneux de traire les vaches deux fois par jour à des heures réglées pour maintenir la force du lait, selon leur classe et leur ordre ; il est également reconnu et confirmé par l'expérience que la nourriture et les soins ne suffisent pas toujours, et ne peuvent ni améliorer les races, ni augmenter beaucoup leur produit. D'un autre côté, les vaches à haute taille ne réussissent pas partout, parce que toutes les localités ne peuvent leur fournir une nourriture proportionnée à leur volume. On trouve parmi des vaches de moindre corpulence des individus qui donnent aussi un produit très-bon et très-abondant.

Mes remarques portent sur des signes extérieurs, apparens dans tous les individus, et toujours dans chaque classe et dans chaque ordre ; ces signes sont indépendans de la couleur du poil, qui n'est pour rien dans mes différentes classifications ; tout au plus pourrait-elle indiquer de quel pays sort l'animal, parce qu'on sait qu'il y a des provinces entières qui ont, par exemple, des vaches rousses, noires, etc. Leurs qualités diffèrent non pas en raison de la couleur de leur pelage, mais en raison de la différence des signes caractéristiques dont j'ai parlé.

Aux causes qui contribuent dans nos campagnes à la détérioration des races, on peut ajouter l'influence du climat ; car, quoiqu'en général les mauvaises espèces soient plus répandues que les bonnes, il est néanmoins des pays où celles-ci abondent davantage ; il y a des contrées plus favorables à la reproduction. Ainsi, les contrées froides conviennent mieux aux vaches de toutes les espèces : la Flandre, la Hollande, l'Angleterre, l'emportent sur la France et l'Espagne pour la quantité et la qualité du produit des vaches ; mais toujours et partout ce sont les deux premiers ordres de chaque classe qui offrent le plus grand avantage, et qu'il faut préférer tant pour les faire croiser que pour obtenir un produit plus abondant. Et cependant, il faut bien remarquer que, même dans les contrées les plus favorisées, on retrouve toujours les espèces inférieures.

Il n'est pas au pouvoir de l'agronome ni de l'agriculteur de changer la nature du climat ; mais l'un et l'autre pourront se dispenser d'un croisement qui détériore la race et qui ne pourrait leur occasionner que du dommage. Combien de propriétaires, en effet, étaient obligés de garder pendant plusieurs années leurs génisses dont ils attendaient un produit qui les indemnisât de leurs soins et de leurs frais, qui, au bout d'une longue attente, voyaient leurs espérances s'en aller en fumée! Combien d'autres, ainsi que je l'ai déjà dit, livraient aux mains du boucher la jeune vêle qui les eût récompensés de leurs peines et de leurs soins pour garder celle qui ne leur promettait qu'un produit à peu près null Qu'une vache de cette dernière qualité fût saillie par un taureau inférieur aussi, qu'en résultait-il pour le propriétaire ? un décroissement de produit, et, partant, d'aisance, des dépenses en pure perte, et sa ruine quelquefois.

Pour l'accouplement que recherchaient les agriculteurs et agronomes? ils se bornaient à l'apparence extérieure, et jugeaient du croît à venir par la taille, l'encolure, ou l'origine, soit du taureau, soit de la vache qu'ils accouplaient. Mais d'après ce que j'ai dit, ces indices sont souvent trompeurs. S'il était permis de faire des rapprochemens entre l'espèce bovine et la nôtre, combien ne voyons-nous pas d'hommes, de femmes du plus beau physique, qui trompent l'œil, et à qui la nature a refusé la puissance de se reproduire? Combien d'enfans naissent chétifs, sans vigueur, sans force apparente, d'un père et d'une mère robustes! Combien naissent d'un esprit lourd et tardif de parens qui ne paraissent pas avoir ce défaut ! Et cependant , en examinant la chose de près , on trouverait quelque chose de défectueux à l'un ou à l'autre des deux auteurs, et souvent , peut-être , à tous les deux à la fois. Il y a des vaches qui ont la plus belle apparence , la taille, la grosseur, le pelage , rien ne leur manque que le lait. Si donc, en suivant la méthode que je proclame , on peut dès l'âge le plus tendre reconnaître quel sera l'animal , ses qualités et ses défauts , et juger sans avoir égard à la taille, au corsage, au poil ni à l'âge, combien une vache , de quelque pays qu'elle soit, donnera de lait par jour , cette connaissance ne sera-t-elle pas utile à tout le monde ?

Quoique j'aie dit que la forme extérieure ne fît rien dans mon appréciation , néanmoins j'ai reconnu que les taureaux qui remplissent le mieux les conditions qu'on peut désirer , doivent avoir la taille bien proportionnée à leur grosseur, les reins larges , l'échine et les jambes droites, les cuisses rondes , les côtes relevées, le cou gros , la tête courte et carrée , les yeux gros , les cornes moyennes. Les vaches de mes différentes classes, pour être bien faites, doivent avoir aussi la taille proportionnée à la grosseur , le poil court, la croupe bien faite , la tête courte et carrée, les yeux gros , le pis peu alongé, rond et couvert d'un petit duvet. En général, celles qui ont quatre mamelons égaux sont les meilleures ; cependant, celles qui ont six mamelons , dont quatre égaux et deux autres moins longs , et qui en général ne fournissent point de lait , sont aussi très-bonnes et très-abondantes. J'ai remarqué que dans les ordres inférieurs, les vaches ont souvent quatre mamelles et un mamelon ; que ces mamelles sont presque toujours inégales , et que le pis est aussi souvent couvert d'un poil gros et clair.

Les vaches de chaque classe ont leur genre de gravure

ou écusson différenciés par le poil , dont une partie s'élançant du milieu des quatre mamelons comme centre ,·s'étend sous le ventre, dans la direction du nombril ; l'autre partie s'élevant un peu au-dessus des jarrets et débordant sur les cuisses, remonte par derrière , et se prolonge jusqu'à la vulve dans certaines classes. Les épis formés par le contre-poil à droite et à gauche de la vulve ont leur propriété : ils correspondent au sac ou réservoir du lait placé dans l'intérieur de la bête, et qui est toujours dans un rapport admirable avec ces épis. De telle sorte qu'on peut toujours décider, sans risque de se tromper , que si la gravure ou écusson est grand, le réservoir du lait est grand, et par conséquent le produit abondant ; que si, au contraire , la gravure est petite, le réservoir est petit ,. et, partant, le produit inférieur.

Selon la longueur et la largeur de ces épis qui sont inégaux , ils indiquent les vaches franches ou bâtardes dans chaque classe et dans chaque ordre. En effet, s'ils sont trop larges, ils chassent le lait et le font perdre quand la bête est pleine de nouveau, et plus ou moins rapidement dans la proportion de leur largeur. Les épis les plus longs sont ceux qui indiquent une fuite plus prompte du lait ; les épis les plus fins, formés d'un poil court et soyeux , sont les meilleurs ; les épis d'un poil gros et hérissé, sont les plus mauvais, soit parce qu'ils annoncent une trop grande fuite du lait, soit parce qu'ils indiquent un lait séreux.

Ainsi, on peut dire en général que les vaches dont la gravure ou écusson est formé du poil le plus fin , sont les meilleures, surtout si elles ont , depuis le dedans des cuisses jusqu'à la vulve, la peau de couleur jaunâtre , et si le son qui se détache de cette peau est de la même couleur. Celles en qui ces marques s'étendent jusqu'au panache du bout de la queue, et d'où tombe une poussière jaune , donneront un lait très-gras et butireux, quelque quantité qu'elles puissent en donner chaque jour, et à quelque classe ou ordre qu'elles appartiennent. Toutes les vaches dont la peau est unie et blanche, le pis couvert d'un poil clair, et le contrepoil des épis de la gravure un écusson alongé, donneront toujours un lait séreux et maigre. Celles dont le pis est couvert d'un poil court et fourré qui se retrouve dans les épis du contrepoil de l'écusson, donneront un lait gras et bon.

Ces marques ou écussons sont sujets à quelques petites variations, parce que la nature amène toujours quelques variétés dans le croisement des classes qui produisent ensemble, soit que le croisement améliore ou dégénère par la couleur, la taille, ou le produit. Ainsi,

1° Quand la gravure, qui est bien empreinte sur chaque bête, sera applicable au premier ou second ordre de quelque classe que ce soit, et que néanmoins elle aura un manquement du poil montant, lequel sera remplacé par du poil descendant, la vache sera alors dégénérée d'un ordre en dessous, ou même de deux, selon la grandeur du manquement de poil montant que présentera la gravure.

2° Quand la gravure sera plus large dans le haut que dans le bas, alors on aura soin de compenser l'un par l'autre; et selon l'ordre qu'indique la forme de l'individu, on le descendra d'un ordre.

3° Tous les défauts de gravure qui se trouvent à droite et à gauche des cuisses ou de la vulve indiquent toujours un manquement de lait, selon leur grandeur. Parce qu'ainsi que je l'ai dit, les épis ainsi placés, correspondant au réservoir du lait placé dans l'intérieur, les manquemens de poil montant, les difformités qui peuvent se trouver dans ces épis, désignent des défauts analogues dans l'intérieur des vaisseaux lactifères.

4º Ces défauts ou manquemens de poil correspondent aussi aux vaisseaux lactifères qui sont au-dessous et de chaque côté du ventre de la vache, passant un peu à la hauteur du nombril, selon l'ordre. Ces vaisseaux sont terminés par un petit trou à passer le bout du doigt. Les vaches des premiers ordres de chaque classe ont ces vaisseaux tordus; à partir du pis, souvent ils font une fourche; il y en a un moins gros et moins long que l'autre, et tous les deux se terminent à une distance d'environ un décimètre l'un de l'autre. Le trou du second est moins grand et moins profond que le trou de celui que j'appellerai le maître vaisseau. Dans les ordres inférieurs, on trouvera que ces vaisseaux sont droits, et que le trou qui indique le point où ils se terminent est moins grand et moins profond que dans les ordres supérieurs.

5º En général, quand on verra un manquement tel que je l'ai indiqué dans l'écusson à droite ou à gauche des cuisses, il correspond à ces vaisseaux qui sont au-dessous du ventre, et dont je viens de parler ci-dessus; on s'en convaincra en touchant lesdits vaisseaux, et on trouvera que du côté où sera le défaut ou manquement dans l'écusson, le vaisseau lactifère est moins gros, et le trou qui le termine moins grand et moins profond que du côté opposé; ce qui prouve une altération dans ce vaisseau, laquelle ne peut être appréciée que par le susdit manquement indiqué dans l'écusson qui est à la partie postérieure de l'individu.

Toutes les vaches qui auront la gravure bien caractérisée des premiers ordres de chaque classe, atteindront, pour le produit, la quantité indiquée ci-après au tableau indicatif de chaque classe. Celles qui auront un défaut du contrepoil dans la gravure, quelle qu'en soit la direction, comme du poil descendant parmi celui qui remonte, toutes ces vaches défectueuses par leur gravure, annonceront, ainsi que je l'ai dit, une dégénération et un défaut de produit. Ceci sera encore plus amplement expliqué, en parlant de chaque classe en particulier, et des bâtardes qui lui sont propres.

Lorsque les vaches sont avancées vers la fin de la gestation, quelques jours avant de mettre bas, mais surtout au moment de faire leur veau, les épis formés par le contrepoil s'élargissent dans toutes leurs parties comme une fleur qui éclot. Alors la bête étant préparée à vêler, les vaisseaux lactifères se dilatent et se disposent à donner la plus grande force de lait dans les premiers jours de la gésine; mais, peu de jours après, les épis du contrepoil se resserrent au point où ils doivent demeurer fixés pour toujours. On remarquera que les épis hérissés à l'époque où la vache se prépare à mettre bas, sont alors d'une largeur extraordinaire, tant ceux qui s'étendent à droite et à gauche sur les cuisses, que ceux qui montent à droite et à gauche de la vulve ; mais ils se resserrent d'un tiers environ peu de jours après la mise bas. Les observateurs ne se baseront pas sur le produit de ces premiers momens pour juger de la quantité de lait que doit donner une vache, ni sur la largeur qu'offrent, à cette époque, les gravures ou écussons, parce qu'il est très-facile, dans ce cas, de commettre des erreurs, soit par l'inflammation des vaisseaux lactifères, qui abondent plus chez telle vache que chez telle autre, soit par le gonflement des chairs qui se fait dans le pis : car, dans les ordres inférieurs, j'ai remarqué qu'une grande partie des vaches charnues, au lieu d'avoir beaucoup de lait dans un gros pis, n'y ont souvent qu'une masse de chair baveuse qui absorbe le lait dont elle tient la place. La présence de cette chair intérieure ne peut être reconnue que par les épis de contrepoil de droite et de gauche de la vulve. Ces épis, ainsi que je l'ai dit, indiquent, selon leur forme et grandeur, l'abondance ou la rareté du lait dans chaque classe et dans chaque ordre. Je les ai marqués sur les tableaux de classification par lettres alphabétiques. Chaque classe et chaque ordre y sont désignés avec leurs écussons gravés d'après nature dans une proportion qui descend de degré en degré.

Les marques distinctives des vaches ou génisses grasses et en embonpoint sont beaucoup plus apparentes et développées que dans les vaches ou génisses maigres dont les signes caractéristiques sont plus resserrés. Mais dans celles-ci même, ces signes sont toujours visibles et faciles à distinguer, quel que soit leur état de maigreur. Il faut suivre toujours leur état et position, les saisons et la situation des pacages où elles sont acclimatées.

Tous les amateurs et possesseurs de vaches qui connaîtront la classification que j'ai établie, pourront en suivre les degrés comme moi-même, en faisant attention que, dans le classement, il faut chercher la proportion de la taille de la vache, c'est-à-dire, si par son corsage elle est applicable à la haute, moyenne ou basse taille. En suivant cette proportion, on connaîtra son produit et on ne commettra point d'erreur; car, quel que soit l'ordre de l'animal, les signes étant toujours ceux de la classe originaire, on verra par ces signes à quelle classe et à quel ordre il appartient; et alors on arrivera à connaître exactement le produit qu'il donnera comme si on l'avait déjà éprouvé depuis plusieurs mois.

J'ai dit que lorsque l'accouplement avait lieu entre sujets de classe et d'ordre différens, il en résultait un croît qui n'appartenait ni à la classe du père, ni à celle de la mère. Il arrive en effet alors que les signes caractéristiques du croît diffèrent de ceux de ses auteurs, et le jettent dans une autre classe. Pour bien reconnaître dans quelle catégorie on doit le ranger, il faut aider à la classification, en cherchant la gravure ou écusson qui, par la ressemblance, se rapproche le plus de celui dont il s'agit. Si on ne le trouve pas assez nettement caractérisé, on balance avec l'ordre supérieur, toujours dans la classe à laquelle il a le plus de rapport. Par ce moyen, on arrive, avec une légère différence, à connaître le produit que la vache donne ou donnera chaque jour, le temps qu'elle maintiendra sa force de lait, et sa diminution pendant la gestation nouvelle.

Les vaches qui sont dans de bons pâturages donneront beaucoup plus de lait, proportionnellement à leur classe et à leur ordre, que celles qui sont dans des pacages maigres et aquatiques, à moins que celles-ci n'aient dans l'étable une nourriture plus choisie, plus abondante, meilleure enfin que celle que la bête pait elle-même dehors. Celles qui mettront bas dans la belle saison, au printemps, par exemple, donneront plus de lait que celles qui mettront bas pendant l'hiver.

Les vaches qui sont bien nourries ou qui paissent de beaux et bons pâturages, surpasseront le produit de leur classe, depuis le premier ordre jusqu'au dernier. Ces produits se suivront toujours dans une proportion égale dans toutes les classes originaires. Au contraire, les vaches nourries dans des pâturages ingrats ne pourront atteindre le produit que j'attribue à leur classe et à leur ordre ; mais le produit suivra une égale proportion dans toutes les classes, depuis le premier ordre jusqu'au dernier. Du reste, dans les pays même les plus ingrats, il y a toujours des saisons plus favorables aux vaches que d'autres, en raison de la verdure que produisent les prairies artificielles.

Les vaches de bonne qualité auront toujours de bon lait, et en assez grande quantité, si on les nourrit avec de bon foin, son de froment, orge, carottes, et une couple de livres d'avoine, ou tout autre chose nourrissantes, le tout mêlé ensemble et chaque jour. Il faudrait leur maintenir cette nourriture pendant tout le temps qu'elles donnent du lait abondamment, et la leur supprimer quand le produit commence à décroître, et qu'elles sont avancées dans leur gestation. Il faut avoir soin de les traire à des heures réglées, matin et soir, ne point laisser de lait dans le pis. Quand le lait est arrivé, il faut le traire à fond ; et si la vache ne donnait pas bien son lait, il faut lui donner, en ce moment, le son destiné à cet effet.

Les vaches des premier et second ordre de chaque classe doivent être traites trois fois par jour, dans les premiers temps de leur mise bas. Les vachers et ceux qui sont chargés de nourrir ces vaches auront bien soin de ne pas leur fournir trop de nourriture, à cause de l'encombrement que pourrait occasionner le lait, encombrement qui cause souvent la perte de la vache et du veau. Cela provient de l'engorgement inflammatoire qui se fait alors dans le pis, et du travail de tous les vaisseaux lactifères qui se préparent pour le moment de la délivrance. Le lait à cette époque est tout-à-fait butireux. Les épis du contre-poil qui forment l'écusson ou gravure qui indique la classe et l'ordre se dilatent et s'agrandissent aussi quelques jours avant et après ce moment.

Il faut donc que, pendant les premiers jours, les vaches soient bien soignées et ne reçoivent rien qu'une nourriture légère. Cinq à six jours après, on peut leur donner leur nourriture habituelle sans aucun risque de ces maladies, parce qu'alors le cours du lait est fait et fixé, et les vaisseaux qui le portent bien dilatés. Les vaches des ordres inférieurs sont toutes exemptes de ces sortes de maladies ; le lait ne les incommode point, elles ont bien moins d'inflammation que les autres. Aussi les épis de leur gravure sont-ils, dans ces derniers ordres, petits et resserrés en comparaison de ceux des premiers ordres de chaque classe.

Combien est-il donc important de bien soigner ces bonnes vaches, source de richesses et de jouissance pour nous. Auprès des grandes villes surtout, n'arrive-t-il pas que deux ou trois bonnes vaches suffisent par leur produit aux besoins de toute une famille? Que doit-on faire pour la conservation des vaches des premiers ordres de chaque classe? Quand on voudra élever de jeunes vêles pour remplacer les vieilles vaches, il faut choisir un taureau qui sorte de la meilleure mère qu'on puisse avoir, et, autant que possible, qui soit de la même classe que la femelle qu'on veut lui accoupler. Alors on obtiendra des sujets purs, dont le produit sera invariablement en rapport avec celui de leurs auteurs.

Pour conserver les vaches, il est essentiel de ne pas négliger de les mener au taureau lorsqu'elles sont en rut, parce que lorsqu'elles ont passé deux ou trois fois le temps de leur rut sans être saillies, elles sont sujettes à ne concevoir que difficilement. Alors on perd de bonnes bêtes, dont le produit se détériore, et elles ne sont plus propres qu'à la boucherie.

DES VACHES

EN PARTICULIER.

J'ai dit que j'avais établi une classification parmi les vaches ; j'ai dû faire remarquer combien il m'avait fallu de temps pour établir cette classification. Il serait inutile de rechercher dans cet ouvrage des termes ni une méthode scientifiques ; j'ignore les termes et les secrets de l'art : je n'ai eu d'autre maître que moi-même, d'autre livre que la nature. Ce n'est pas de l'histoire naturelle que j'écris : c'est le résultat de mes expériences que je publie. Je n'ai suivi que mes propres inspirations et les progrès de ma découverte. Il me fallait un ordre dans mes idées, dans mes expériences, je l'ai créé ; il me fallait des noms nouveaux qui répondissent à ma pensée, qui désignassent les figures de l'écusson de chaque classe, je me les suis faits. Je n'ai point fouillé de vocabulaires grecs ou latins pour former des noms français, je me suis exprimé naïvement et naturellement. Si mes dénominations ne sont pas formées d'après les règles de l'étymologie, elles sont du moins du ressort de tout le monde ; et mon livre étant principalement destiné, par sa nature, à cette classe d'hommes qui sont, pour la plupart, fort étrangers aux belles-lettres, il aura à leurs yeux le mérite de ne pas cacher la chose sous le nom qui la désigne.

Les vaches sont divisées en huit classes ou familles, dont chacune a ses huit ordres, de trois degrés de proportion. Toutes les vaches, quelles qu'elles soient, rentrent tou-

jours dans une de ces classes et dans un de ces ordres. Chaque classe fournit une certaine quantité de lait, relative à
la taille et à l'ordre ; elle possède sa marque ou écusson particulier, qu'on retrouve dans tous ses ordres, avec les modi-
fications que comporte le degré auquel appartient l'animal.
Cette marque est toujours formée par les épis du contrepoil,
placée, comme je l'ai déjà dit, à la partie inférieure du dos,
et sert à déterminer les qualités et l'origine.

Voici les noms des huit classes :

J'appelle les vaches de ma première classe, *vaches flandrines ;*

Celles de la seconde, *vaches à lisière ;*

Celles de la troisième, *vaches courbe-ligne ;*

Celles de la quatrième, *vaches bicornes ;*

Celles de la cinquième, *vaches poitevines ;*

Celles de la sixième, *vaches équerrines ;*

Celles de la septième, *vaches limousines ;*

Celles de la huitième, *vaches carrésines.*

Ainsi que je l'ai dit, les amateurs, à l'aide de lithographies attachées à cet ouvrage, pourront reconnaître aisément la classe, l'ordre et le degré de chaque vache, et
par conséquent juger exactement et la quantité de son produit par jour, et le temps qu'elle maintiendra sa force de
lait. Cette quantité, d'après mes expériences nombreuses et
souvent répétées, peut varier quelquefois, parce que nous
avons vu que le climat, la nourriture et la saison exerçaient
sur elles une influence plus ou moins favorable. Mais ce qui
ne peut varier, ce qui est toujours stable, c'est que partout,
et en tout temps, les vaches des premiers ordres des huit
classes sont toujours les meilleures et les plus abondantes,
et que les autres ordres suivent les premiers en proportion,
c'est-à-dire que les deux premiers sont toujours les plus

productifs, le troisième et le quatrième sont passablement bons, et les quatre autres vont en diminuant de produit proportionnellement jusqu'au dernier qu'on peut regarder comme nul.

DES VACHES BATARDES.

Avant d'entrer dans la description de chaque classe en particulier, il est important de rappeler ce qui a été dit, que chacune de ces classes avait ses bâtardes, c'est-à-dire des vaches qui, quoique parfaitement semblables aux autres soit par la taille, le corsage ou la couleur, en diffèrent néanmoins pour le produit. Cette ressemblance qui trompe l'œil le plus exercé, est une source d'erreurs toujours préjudiciables. Pour que le lecteur puisse suivre la classification et chaque degré d'ordre, et reconnaître les classes originaires et les bâtardes de chaque classe, en expliquant les signes caractéristiques de chacune de ces classes en particulier, le produit de chaque ordre, le temps de la durée de la force du lait, j'expliquerai aussi quelles sont les marques qui distinguent les bâtardes de chacune de ces classes.

J'ai donné le nom de bâtardes à des vaches qui ne donnent du lait qu'autant qu'elles ne sont pas pleines de nouveau, mais qui, arrivées à une nouvelle gestation, perdent leur lait sur-le-champ, ou du moins peu de jours après ; on en trouve dans toutes les classes et dans tous les ordres. Il y en a qui quelquefois sont grandes laitières ; mais si elles sont pleines de nouveau, elles n'ont plus de lait ; d'autres offrent de très-belles apparences et ne donnent qu'un faible produit. Cela se voit tous les jours ; les plus habiles y sont trompés.

Quand il arrive qu'une vache qui donnait beaucoup de lait, étant pleine de nouveau, le perd subitement, on ne sait à quoi attribuer cette fuite du lait ; on lui assigne diverses causes dont aucune n'est la vraie. Cela ne dépend nullement d'une volonté facultative chez l'animal, c'est tout simplement parce qu'elle est née ainsi.

Or, il existe aussi des signes caractéristiques qui font connaître dans chaque classe et dans chaque ordre les vaches bâtardes. Elles sont distinguées par les lignes du poil montant et du poil descendant dans leur gravure ou écusson. Ces signes, gravures ou écussons, vont être mis sous les yeux du lecteur au moyen des lithographies de la neuvième planche, gravées, ainsi que les huit autres, d'après nature. La lithographie indiquera dans chaque classe le degré de proportion.

En général, on voit de ces vaches bâtardes très-faciles à concevoir dès la première fois qu'elles sont en chaleur, si on les conduit au taureau. Mais elles ne maintiennent point leur lait ; et si on leur laissait nourrir leur veau, elles ne pourraient lui fournir une nourriture suffisante ; il faudrait le sévrer immédiatement, et il tomberait dans un état de maigreur et de dépérissement qui le rendrait impropre à l'abattage.

Parmi les vaches bâtardes il y en a qui donnent un lait gras et butireux, d'autres ne donnent qu'un lait séreux ; celles-ci en donnent beaucoup, celles-là très-peu. Elles subissent enfin, quant au produit, comme les classes originaires, les variations de la taille et de la grosseur. La couleur du son dans les écussons est la même que celle des classes originaires.

Remarquons que la plus grande force du lait dans les vaches en général est depuis qu'elles ont vêlé jusqu'à huit

jours après ; mais leur lait est séreux et de mauvaise qualité. Après ces premiers jours, le produit diminue un peu,
mais son cours une fois établi régulièrement, les vaches
maintiennent leur force de lait jusqu'à ce qu'elles soient
pleines de nouveau ; alors le lait diminue un peu dans toutes
les classes et dans tous les ordres, mais plus ou moins,
selon la classe et l'ordre. C'est ce qui va être expliqué plus
clairement.

VACHES FLANDRINES.

Le lecteur est déjà prévenu qu'il ne doit chercher dans les dénominations que j'ai imaginées ni étymologie ni combinaisons scientifiques. Les noms que j'ai donnés à mes classes sont purement arbitraires, et répondent tout simplement à mes idées. J'ai donné aux vaches de ma première classe le nom de *flandrines*, parce que les vaches de cette classe sont les meilleures de nos provinces, et que la race des vaches de Flandre, connues généralement par leurs bonnes qualités, possède les signes caractéristiques, ordinairement du moins, qui distinguent cette première classe. Ces vaches que j'appelle *flandrines* sont les plus productives et les plus abondantes en lait; mais, aussi, elles sont les plus rares dans nos provinces. Chaque ordre de cette classe, comme dans toutes les autres, comporte quelques différences particulières dans la marque générale de sa classe, et donnera un produit différent dans tous les degrés de proportion que je vais indiquer. J'appelle vaches de la *haute taille*, celles qui pèsent de cinq à six cents livres; de la *moyenne taille*, celles qui pèsent de trois à quatre cents livres; et de la *basse taille*, celles qui pèsent de cent à deux cents livres.

Haute taille.

PREMIER ORDRE.

Les vaches du premier ordre de cette classe et de cette

taille donnent, dans leur force de lait, *vingt litres* par jour, c'est-à-dire jusqu'à l'époque où elles sont pleines de nouveau. Dès-lors la quantité de leur lait diminue peu à peu, mais elles maintiennent leur lait jusqu'à ce qu'elles soient pleines de huit mois, parce que les vaches de cet ordre ne tarissent jamais, si on veut les traire toujours.

On reconnaît les vaches de cette classe et de cet ordre à ce qu'elles ont le pis fin, couvert d'un petit duvet qui remonte, à partir du milieu des quatre mamelons, dans toute l'étendue de la partie postérieure du pis, prenant en dedans et au-dessus des deux jarrets et des cuisses, et débordant tant à droite qu'à gauche, sur les points marqués AA, en se resserrant jusqu'aux points marqués BB, dont chacun est éloigné d'un décimètre environ de chaque côté de la vulve. Elles ont ordinairement au-dessus des mamelons de derrière deux petits ovales, formés par le poil descendant, marqués EE, chacun d'environ cinq centimètres de large, et huit centimètres de long. Cette forme de gravure se distingue par la couleur du poil, plus vive dans le poil montant que dans le poil descendant. (Voyez planche 1re, ordre 1er.)

Le premier ordre de cette classe a en outre l'intérieur et le fond des cuisses jusqu'à la vulve d'une couleur jaunâtre que j'appelle couleur *indienne*, parsemée de plusieurs taches noires; il s'en détache comme du son ou comme de la poussière.

Toutes les vaches qui auront leur écusson ou gravure de la forme de celles de la première classe; appartiendront à cette famille, quelles que soient d'ailleurs leur couleur et leur race.

DEUXIÈME ORDRE.

Les vaches de cet ordre donnent, dans leur force de lait,

dix-huit litres par jour, et maintiennent leur lait jusqu'à ce qu'elles soient pleines de huit mois.

Les marques de cet ordre ressemblent parfaitement à celles du premier, et sont désignées par les mêmes lettres, sauf qu'elles ont un poil descendant à droite, près de la vulve, désigné par la lettre F. Cette gravure forme un écusson qui a environ six centimètres de long et un centimètre de large. Elle se distingue par un petit poil très-court, et indique une diminution du produit de la bête de trois litres environ chaque jour.

TROISIÈME ORDRE.

Les vaches de cet ordre donnent *seize litres* par jour, et maintiennent leur lait jusqu'à ce qu'elles soient pleines de sept mois.

La forme de leur gravure ou écusson ressemble à celle des ordres précédens, sauf qu'il y a un demi-rond de poil descendant, et qui enfourche la vulve en se prolongeant au-dessous d'environ quatre centimètres, sur une largeur de six centimètres. Cette marque est désignée par la lettre C. La couleur du poil descendant est distinguée par son lustre; il est plus blanc que le poil montant. Il n'y a qu'un ovale à gauche au-dessus des mamelles marquées E.

QUATRIÈME ORDRE.

Les vaches du quatrième ordre donnent *quatorze litres* de lait par jour, et maintiennent leur lait jusqu'à ce qu'elles soient pleines de six mois.

Cet ordre est différencié des autres, parce que le poil montant n'est pas aussi large en surface. Les points AA sont plus resserrés au dedans des cuisses; les points BB sont rapprochés de la vulve, de chaque côté de laquelle ils ont environ un centimètre de large. A partir de ces points BB, on trouve un poil descendant qui investit la vulve, et forme deux triangles marqués C. Ces triangles se distinguent aussi par le lustre du poil qui est plus blanc.

CINQUIÈME ORDRE.

Les vaches du cinquième ordre donnent *douze* litres de lait par jour, et maintiennent leur lait jusqu'à ce qu'elles soient pleines de cinq mois.

La gravure de cet ordre est un peu plus resserrée aux points AA et BB que dans l'ordre précédent. Au-dessous de la vulve est une ligne d'un poil descendant d'environ quinze centimètres de long, sur trois centimètres de large, et marquée par la lettre C. Cette gravure se reconnaît aussi dans le poil montant, remplacé par du poil descendant à droite, et qui s'enfonce dans le fond des cuisses environ de quinze centimètres, marqué par la lettre G.

SIXIÈME ORDRE.

Les vaches de cet ordre donnent *neuf* litres de lait par jour, et maintiennent leur lait jusqu'à ce qu'elles soient pleines de quatre mois.

La gravure de cet ordre a la même forme que celle du cinquième ; mais elle est encore plus resserrée aux points AA. Il y a un défaut de poil, qui, au lieu de monter, s'enfonce entre les cuisses environ d'un décimètre en longueur et cinq centimètres en largeur. Ce manquement est marqué comme ci-dessus de la lettre G. Et, au-dessus de la vulve, la marque est la même que celle de l'ordre ci-dessus, marquée C.

SEPTIÈME ORDRE.

Ces vaches donnent *six* litres de lait par jour, et maintiennent leur lait jusqu'à ce qu'elles soient pleines de trois mois.

La gravure de cet ordre diffère des précédentes en ce qu'elle se trouve bien caractérisée du côté gauche, aux points AB. Du côté droit, quelques poils se trouvent hérissés en travers, et du point A, à droite, la gravure s'abaisse et s'enfonce justement au milieu des cuisses, en se prolongeant vers la vulve. Elles (les vaches) ont ordinairement le pis couvert d'un poil gros et non fourré.

HUITIÈME ORDRE.

Ces vaches donnent *quatre* litres de lait par jour, et le maintiennent jusqu'à ce qu'elles soient pleines de deux mois.

La gravure du huitième ordre a la même forme que la précédente; mais elle est plus bas et plus resserrée dans le fond des cuisses. Quelques poils, de loin en loin, débordent à droite et à gauche, en se hérissant.

Ce que j'ai dit des marques distinctives des ordres, s'applique également à tous les ordres correspondans des tailles haute, moyenne et petite, de la même classe, mais en suivant le degré de proportion de chacune. Ainsi, il demeurera bien entendu que ce que je dirai des signes caractéristiques de chaque classe et de chaque ordre en particulier, devra s'appliquer à tous les ordres et à tous les degrés de chacune de ces classes. Je vais donc passer aux deux autres tailles de la première classe, dont j'indiquerai seulement le produit du lait pour chaque jour.

Moyenne taille.

PREMIER ORDRE.

Les vaches du premier ordre de cette taille donnent, dans leur force de lait, *seize* litres par jour, et maintiennent leur lait comme celles de la haute taille , jusqu'à ce qu'elles soient pleines de huit mois , en subissant, comme celles-ci , une diminution graduelle.

DEUXIÈME ORDRE.

Ces vaches donnent *quatorze* litres par jour , et maintiennent leur lait jusqu'à ce qu'elles soient pleines de sept mois.

TROISIÈME ORDRE.

Les vaches de cet ordre donnent *douze* litres de lait par jour, et maintiennent leur lait jusqu'à ce qu'elles soient pleines de six mois.

QUATRIÈME ORDRE.

Ces vaches donnent *dix* litres par jour, et maintiennent leur lait jusqu'à ce qu'elles soient pleines de cinq mois.

CINQUIÈME ORDRE.

Ces vaches donnent *huit* litres de lait par jour, et maintiennent leur lait jusqu'à ce qu'elles soient pleines de quatre mois.

SIXIÈME ORDRE.

Ces vaches donnent *cinq* litres de lait par jour, et maintiennent leur lait jusqu'à ce qu'elles soient pleines de trois mois.

SEPTIÈME ORDRE.

Ces vaches donnent *trois* litres de lait par jour, et maintiennent leur lait jusqu'à ce qu'elles soient pleines de deux mois.

HUITIÈME ORDRE.

Ces vaches donnent *deux* litres par jour, mais elles ne maintiennent leur lait que jusqu'à ce qu'elles soient pleines de nouveau.

Basse taille.

PREMIER ORDRE.

Les vaches de ce premier ordre donnent, dans leur force de lait, *douze* litres par jour et maintiennent leur lait jusqu'à ce qu'elles soient pleines de huit mois, toujours avec une diminution graduelle.

DEUXIÈME ORDRE.

Ces vaches donnent *dix* litres de lait par jour, et maintiennent leur lait jusqu'à ce qu'elles soient pleines de sept mois.

TROISIÈME ORDRE.

Ces vaches donnent *huit* litres de lait par jour et maintiennent leur lait jusqu'à ce qu'elles soient pleines de six mois.

QUATRIÈME ORDRE.

Ces vaches donnent *six* litres de lait par jour, et maintiennent leur lait jusqu'à ce qu'elles soient pleines de cinq mois.

CINQUIÈME ORDRE.

Ces vaches donnent *quatre* litres de lait par jour, et maintiennent leur lait jusqu'à ce qu'elles soient pleines de quatre mois.

SIXIÈME ORDRE.

Les vaches du sixième ordre donnent *trois* litres de lait par jour, et maintiennent leur lait jusqu'à ce qu'elles soient pleines de deux mois.

SEPTIÈME ORDRE.

Ces vaches donnent *deux* litres par jour, et maintiennent leur lait jusqu'à ce qu'elles soient pleines d'un mois.

HUITIÈME ORDRE.

Ces vaches donnent *un* litre de lait par jour et ne maintiennent leur lait que jusqu'à ce qu'elles soient pleines de nouveau.

Pour suivre le fil de mes idées et de mes observations, il faut attacher immédiatement à chaque classe la description particulière des *bâtardes* qui lui appartiennent. Je vais donc décrire ici les *bâtardes flandrines*, en faisant observer que, comme je l'ai fait précédemment, je ne décris que les bâtardes de la haute taille, et que, dans les tailles suivantes, il faut diminuer la proportion des marques en raison des individus. Les signes caractéristiques étant les mêmes pour toute la classe s'appliquent à tous les ordres de la même classe.

Les vaches flandrines ont deux espèces de bâtardes. La première, n° 1, a un ovale de poil descendant dans celui qui remonte, marqué par la lettre J, dans le milieu et entre les deux cuisses, au-dessous et vis-à-vis de la vulve, à une distance d'environ deux décimètres. Cet ovale a lui-même environ un décimètre de long, et six à sept centimètres de large. La couleur du poil descendant est toujours plus blanche que celle de l'autre. Plus l'ovale sera grand, plus le lait se perdra promptement ; plus il sera petit, moins la perte sera sensible, mais elle n'en aura pas moins lieu. La gravure, du reste, est la même que celle du premier ordre de cette classe et marquée par les mêmes lettres.

La bâtarde n. 2, possède les mêmes caractères de gravure que les vaches du premier ordre de la classe originaire ; mais le poil qui fait la gravure ou écusson, au lieu de monter verticalement vers la vulve, se hérisse comme la barbe d'un épi de blé, et déborde par travers sur les cuisses, sur les points AA. Les écussons les plus larges et du poil le plus fin sont ceux qui indiquent le lait le plus abondant ; quand leur poil est gros, long et clair, ils annoncent un lait maigre.

L'intérieur des cuisses sera aussi jusqu'à la vulve d'une couleur rougeâtre ; il ne s'en détache pas du son et la peau est fine au toucher. (Voyez planche 9, n. 1 et 2.

DEUXIÈME CLASSE.

VACHES A LISIÈRE.

La forme de gravure ou écusson de cette seconde classe est bien différente de celle de la première. Cette gravure est marquée par un poil montant en forme d'une lisière qui s'élève verticalement, et se termine à la vulve sans aucune interruption de poil descendant dans cette partie. C'est ce qui a déterminé le nom que j'ai donné aux vaches de cette classe.

Haute taille.

PREMIER ORDRE.

Les vaches du premier ordre de cette taille donnent, dans leur force de lait, *dix-huit* litres par jour, et maintiennent leur lait jusqu'à ce qu'elles soient pleines de huit mois. Comme les vaches du premier ordre de la première classe, elles ne tarissent jamais si on veut les traire toujours.

Celles qui appartiennent à cette première taille et à ce premier ordre ont le pis fin, couvert d'un petit duvet qui remonte. La gravure prend au milieu des quatre mamelles, s'étend en dedans des cuisses et monte en débordant sur les points AA. De ces points, une ligne droite transversale s'enfonce dans les cuisses jusqu'aux points DD, éloignés l'un de l'autre d'environ un décimètre. De là, une ligne droite monte verticalement à la vulve, où elle se termine par une largeur de quatre centimètres.

Au dessus et vis-à-vis des mamelles de derrière, se trouvent deux ovales de poil descendant qui ont à peu près la même largeur que ceux du premier ordre des vaches flandrines : ils sont également distingués par le lustre du poil descendant et marqués des lettres EE.

Dans le premier ordre des vaches à lisière, comme dans le premier ordre des flandrines, le fond des cuisses, dans l'écusson, est d'une couleur jaunâtre indienne. (Planche 2, ordre 1er.)

DEUXIÈME ORDRE.

Ces vaches donnent *seize* litres de lait par jour, et maintiennent leur lait jusqu'à ce qu'elles soient pleines de sept mois et demi.

Leur gravure a la même forme que celle du premier ordre. Les points AA sont plus abaissés et toute la marque est plus resserrée. Il y a un petit écusson de poil montant à gauche de la vulve, marqué par la lettre E, et qui a environ sept centimètres de long sur un centimètre de large. Toute la gravure est distinguée par le lustre du contrepoil. Il n'y a au-dessus des mamelles qu'un seul ovale à gauche marqué également de la lettre E.

TROISIÈME ORDRE.

Ces vaches donnent *quatorze* litres de lait par jour, et maintiennent leur lait jusqu'à ce qu'elles soient pleines de six mois.

Les marques sont les mêmes que celles du premier ordre ; mais les points AA sont plus rapprochés de DD, et de ces points DD, en montant, la gravure forme un angle aigu qui se termine à la vulve, à droite et à gauche de laquelle se trouvent deux petits écussons marqués FF, de la même dimension que ceux de l'ordre précédent ; cependant celui de

droite est plus court que celui de gauche de quelques centimètres. Il n'y a non plus qu'un ovale à gauche, au-dessus
des mamelles, marqué E.

QUATRIÈME ORDRE.

Ces vaches donnent *douze* litres par jour, et maintiennent
leur lait jusqu'à ce qu'elles soient pleines de quatre mois et
demi.

Elles ont la même marque que l'ordre précédent, sauf
que la ligne des points AA est plus abaissée que les points
DD ; les deux écussons à droite et à gauche de la vulve sont
plus longs et plus larges de deux centimètres que dans l'ordre précédent, et il n'y a point d'ovale au-dessus des mamelles.

CINQUIÈME ORDRE.

Ces vaches donnent *dix* litres par jour, et maintiennent
leur lait jusqu'à ce qu'elles soient pleines de trois mois.

La marque est plus resserrée que dans l'ordre quatrième ;
les points DD sont bien plus rapprochés, et n'ont qu'une
distance de deux centimètres ; la lisière monte, en se ter-
minant par une pointe très-étroite jusqu'à la vulve, à gauche de laquelle elle se détourne jusqu'au point F. Il n'y a
qu'un écusson à droite, marqué aussi F, d'une longueur
de quinze centimètres, sur une largeur de quatre.

SIXIÈME ORDRE.

Ces vaches donnent *huit* litres de lait par jour, et maintiennent leur lait jusqu'à ce qu'elles soient pleines de deux
mois.

Même marque que dans l'ordre ci-dessus, mais plus resserrée encore. La ligne montante est d'une très-petite largeur, et disparaît dans le milieu d'environ un décimètre

en longueur. Il y a deux écussons marqués FF , dont la longueur et la largeur sont les mêmes à peu près que dans l'écusson de l'ordre cinquième.

SEPTIÈME ORDRE.

Ces vaches donnent *six* litres par jour , et maintiennent leur lait jusqu'à ce qu'elles soient pleines d'un mois.

La marque est encore plus rabaissée et plus étroite que dans l'ordre précédent ; la ligne montante se resserre tellement qu'elle disparaît.

Il y a deux écussons marqués FF ; mais celui de gauche à deux décimètres de long , sur quatre centimètres de large , formé par un gros poil qui dévie par travers , en dehors de la cuisse. Celui de droite a un décimètre de long , sur quatre centimètres de large. Le poil a la même déviation que celui de gauche.

HUITIÈME ORDRE.

Ces vaches donnent *quatre* litres de lait par jour , et maintiennent leur lait jusqu'à ce qu'elles soient pleines de nouveau.

La marque se resserre de plus en plus ; il n'y a qu'un écusson à gauche , marqué F, formé par quelques poils qui dévient en travers.

Ce qui a été dit des ordres de la haute taille s'applique exactement à chacun des huit ordres des deux autres tailles, en se conformant aux proportions de chacune d'elles. Cette observation que je répète ici s'étend à toutes les autres classes , dont je ne caractériserai également que la haute taille , et dont on voudra bien appliquer les signes distinctifs aux huit ordres des deux tailles subséquentes ; ainsi, je n'en parlerai plus , et passe à la

Moyenne taille.

PREMIER ORDRE.

Les vaches de cet ordre et de cette taille donnent dans leur force de lait *quatorze* litres par jour, et maintiennent leur lait jusqu'à ce qu'elles soient pleines de huit mois.

DEUXIÈME ORDRE.

Ces vaches donnent *treize* litres de lait par jour, et maintiennent leur lait jusqu'à ce qu'elles soient pleines de six mois et demi.

TROISIÈME ORDRE.

Ces vaches donnent *onze* litres de lait par jour, et maintiennent leur lait jusqu'à ce qu'elles soient pleines de cinq mois.

QUATRIÈME ORDRE.

Ces vaches donnent *dix* litres de lait par jour, et maintiennent leur lait jusqu'à ce qu'elles soient pleines de quatre mois.

CINQUIÈME ORDRE.

Ces vaches donnent *huit* litres de lait par jour; et maintiennent leur lait jusqu'à ce qu'elles soient pleines de trois mois.

SIXIÈME ORDRE.

Ces vaches donnent *six* litres de lait par jour, et maintiennent leur lait jusqu'à ce qu'elles soient pleines de deux mois.

SEPTIÈME ORDRE.

Ces vaches donnent *quatre* litres de lait par jour, et maintiennent leur lait jusqu'à ce qu'elles soient pleines de nouveau.

HUITIÈME ORDRE.

Ces vaches donnent *trois* litres de lait par jour, et maintiennent leur lait jusqu'à ce qu'elles soient pleines de nouveau.

Basse taille.

PREMIER ORDRE.

Les vaches de cette taille et de cet ordre donnent dans leur force de lait *dix* litres par jour, et maintiennent leur lait jusqu'à ce qu'elles soient pleines de huit mois.

DEUXIÈME ORDRE.

Ces vaches donnent *huit* litres de lait par jour, et maintiennent leur lait jusqu'à ce qu'elles soient pleines de six mois et demi.

TROISIÈME ORDRE.

Ces vaches donnent *six* litres de lait par jour, et maintiennent leur lait jusqu'à ce qu'elles soient pleines de cinq mois.

QUATRIÈME ORDRE.

Ces vaches donnent *quatre* litres de lait par jour, et maintiennent leur lait jusqu'à ce qu'elles soient pleines de quatre mois.

CINQUIÈME ORDRE.

Ces vaches donnent *trois* litres de lait par jour, et maintiennent leur lait jusqu'à ce qu'elles soient pleines de trois mois.

SIXIÈME ORDRE.

Ces vaches donnent *deux* litres de lait par jour, et maintiennent leur lait jusqu'à ce qu'elles soient pleines de deux mois.

SEPTIÈME ORDRE.

Ces vaches donnent aussi *deux* litres de lait par jour, mais elles ne maintiennent leur lait que jusqu'à ce qu'elles soient pleines de nouveau.

HUITIÈME ORDRE.

Ces vaches donnent *un* litre de lait par jour, et ne le maintiennent que jusqu'à ce qu'elles soient pleines de nouveau.

Les *bâtardes* de cette classe, à quelque taille et à quelqu'ordre de la classe qu'elles appartiennent, sont reconnaissables quand elles ont deux écussons de poil montant à droite et à gauche de la vulve, marqués FF. Ces écussons sont tout-à-fait séparés de la vulve, à une distance de trois à quatre centimètres de chaque côté. Ils sont d'une longueur de dix à douze centimètres, sur une largeur de trois à quatre. Les plus petits et dont le poil est le plus fin, annoncent une perte de lait moins prompte. Lorsque ces écussons seront pointus des deux bouts, et d'un poil gros, ils annonceront un lait séreux et clair. (Voyez planche 9, n° 3.)

TROISIÈME CLASSE.

VACHES COURBE-LIGNES.

Ce nom a été attribué aux vaches de la troisième classe, parce que leur gravure, qui imite le lozange, est formée par une ligne courbe qui part de droite et de gauche , et se réunit en montant près de la vulve à une distance de deux centimètres d'intervalle. Cet écusson , formé par le contrepoil , a la ressemblance d'un cœur par le haut.

Cette classe est très-abondante et se rapproche pour le produit de la première. On trouve de ces vaches dans toutes les races, et suivies de leurs ordres. Le produit de chaque taille et de chaque ordre est différencié proportionnellement , comme dans les premières et secondes classes.

Haute taille.

PREMIER ORDRE.

Les vaches de cette taille et de cet ordre donnent, dans leur force de lait , *dix-huit* litres par jour , et maintiennent leur lait jusqu'à ce qu'elles soient pleines de huit mois.

Elles ont la même finesse et la même couleur indienne dans leur gravure ou écusson que celles des premiers ordres des classes précédentes. La marque est plus évasée dans le haut que dans la classe seconde. Elle prend au milieu des quatre mamelles , en dedans et au dessus des jarrets , et monte en débordant à droite et à gauche jusqu'au milieu de la cuisse, sur les points AA ; et à partir de ces points, à droite et à gauche, s'élève de chaque côté, en dehors, une ligne courbe qui se termine au point B , environ à deux centimètres de distance de la vulve. Au dessus, et vis-à-vis des mamelles de derrière , il y a , comme dans les vaches des premiers ordres des deux classes précédentes, deux ovales de poil descendant, marqués EE. (Voyez planche 3, ordre 1er.)

DEUXIÈME ORDRE.

Ces vaches donnent *seize* litres par jour , et maintiennent leur lait jusqu'à ce qu'elles soient pleines de sept mois.

La forme de la gravure est la même que celles de l'ordre précédent, mais un peu plus resserrée dans toutes ses parties. A gauche de la vulve on voit un écusson de contrepoil, marqué F, d'environ quatre centimètres de long et un centimètre de large. Cette gravure est marquée dans son entier des mêmes lettres que celles ci-dessus ; mais il n'y a qu'un ovale à gauche , au-dessus des mamelles.

TROISIÈME ORDRE.

Ces vaches donnent *quatorze* litres de lait par jour, et maintiennent leur lait jusqu'à ce qu'elles soient pleines de six mois.

La marque est la même que celle de l'ordre deuxième , et désignée par les mêmes lettres. Il y a à droite et à gauche de la vulve deux épis de poil montant, marqués FF , en forme d'écussons, d'environ un décimètre en longueur et deux centimètres en largeur. Au dessus des mamelles, il y a , du côté gauche, un ovale marqué E. Le point B est plus abaissé que ci-dessus.

QUATRIÈME ORDRE.

Ces vaches donnent *douze* litres de lait par jour, et maintiennent leur lait jusqu'à ce qu'elles soient pleines de quatre mois.

La marque est toujours la même ; mais elle est attachée au pis, et plus resserrée et abaissée au-dessous de la vulve. Les épis de droite et de gauche de le vulve marqués FF sont plus longs et plus larges que dans l'ordre précédent, et ils se hérissent en débordant de chaque côté. A droite, au-dessous de la lettre A, il y a un manquement de poil montant, remplacé par du poil descendant, marqué par la lettre F.

CINQUIÈME ORDRE.

Ces vaches donnent *dix* litres de lait par jour, et maintiennent leur lait jusqu'à ce qu'elles soient pleines de trois mois.

La marque est encore plus abaissée et resserrée dans le fond des cuisses. Il y a à gauche un épi de poil hérissé et montant, marqué F, d'environ deux décimètres de long et quatre de large. A partir du point A, à droite et à gauche, se trouvent deux manquemens de poil montant, marqués FF, qui s'enfoncent dans les cuisses, ayant environ un décimètre de large et quinze centimètres de long.

SIXIÈME ORDRE.

Ces vaches donnent *sept* litres de lait par jour, et maintiennent leur lait jusqu'à ce qu'elles soient pleines de deux mois.

La marque est toujours la même ; mais la lettre B est plus abaissée au-dessous de la vulve, et resserrée dans le fond des cuisses. Seulement, au point E se trouve une petite ligne de poil montant sur une longueur de quatre centimètres et sur une largeur de deux ; elle est située au-dessous de la vulve. À droite, au-dessous du point A, est un manquement de poil montant marqué F.

SEPTIÈME ORDRE.

Ces vaches donnent *cinq* litres de lait par jour, et maintiennent leur lait jusqu'à ce qu'elles soient pleines de nouveau.

La gravure est plus abaissée encore, et plus resserrée dans le fond des cuisses que la précédente ; à droite et à gauche de la vulve, il y a deux épis marqués FF, qui sont d'un poil hérissé, qui déborde de chaque côté ; ils ont environ quinze centimètres de long, sur six centimètres de large.

HUITIÈME ORDRE.

Ces vaches donnent *trois* litres de lait par jour, et maintiennent leur lait jusqu'à ce qu'elles soient pleines de nouveau.

La marque a la même forme que celle de l'ordre précédent, mais toujours plus abaissée. Cette marque est presque nulle.

Moyenne taille.

PREMIER ORDRE.

Les vaches de cette taille et de cet ordre donnent, dans leur force de lait, *quinze* litres par jour, et maintiennent leur lait jusqu'à ce qu'elles soient pleines de huit mois.

DEUXIÈME ORDRE.

Ces vaches donnent *treize* litres de lait par jour, et maintiennent leur lait jusqu'à ce qu'elles soient pleines de cinq mois.

TROISIÈME ORDRE.

Ces vaches donnent *onze* litres de lait par jour, et maintiennent leur lait jusqu'à ce qu'elles soient pleines de six mois.

QUATRIÈME ORDRE.

Ces vaches donnent *neuf* litres de lait par jour, et maintiennent leur lait jusqu'à ce qu'elles soient pleines de cinq mois.

CINQUIÈME ORDRE.

Ces vaches donnent *sept* litres de lait par jour, et maintiennent leur lait jusqu'à ce qu'elles soient pleines de quatre mois.

SIXIÈME ORDRE.

Ces vaches donnent *cinq* litres *et demi* de lait par jour, et maintiennent leur lait jusqu'à ce qu'elles soient pleines de trois mois.

SEPTIÈME ORDRE.

Ces vaches donnent *trois* litres *et demi* de lait par jour, et maintiennent leur lait jusqu'à ce qu'elles soient pleines de deux mois.

HUITIÈME ORDRE.

Ces vaches donnent *deux* litres de lait par jour, et maintiennent leur lait jusqu'à ce qu'elles soient pleines de nouveau.

Basse taille.

PREMIER ORDRE.

Les vaches de cette taille et de cet ordre donnent, dans leur force de lait, *douze* litres par jour, et maintiennent leur lait jusqu'à ce qu'elles soient pleines de huit mois.

DEUXIÈME ORDRE.

Ces vaches donnent *dix* litres de lait par jour, et maintiennent leur lait jusqu'à ce qu'elles soient pleines de sept mois.

TROISIÈME ORDRE.

Ces vaches donnent *huit* litres par jour, et maintiennent leur lait jusqu'à ce qu'elles soient pleines de six mois.

QUATRIÈME ORDRE.

Ces vaches donnent *six* litres de lait par jour, et maintiennent leur lait jusqu'à ce qu'elles soient pleines de cinq mois.

CINQUIÈME ORDRE.

Ces vaches donnent *cinq* litres de lait par jour, et maintiennent leur lait jusqu'à ce qu'elles soient pleines de quatre mois.

SIXIÈME ORDRE.

Ces vaches donnent *quatre* litres de lait par jour, et maintiennent leur lait jusqu'à ce qu'elles soient pleines de trois mois.

SEPTIÈME ORDRE.

Ces vaches donnent *trois* litres de lait par jour, et maintiennent leur lait jusqu'à ce qu'elles soient pleines de nouveau.

HUITIÈME ORDRE.

Ces vaches donnent *deux* litres de lait par jour, et maintient leur lait jusqu'à ce qu'elles soient pleines de nouveau.

Les écussons à droite et à gauche de la vulve, marqués FF, sont bien à remarquer dans cette classe; mais il faut qu'ils soient de la grandeur qui a été indiquée dans la des-

cription des marques propres et particulières à cette classe.
(Voyez planche 3.) Quand ils sont d'une longueur et largeur moyenne, ils marquent que le lait se conservera jusqu'à la gestation nouvelle ; quand ils sont d'une longueur
de dix à douze centimètres, et d'une largeur de quatre à
cinq, ils sont ordinairement pointus par les deux bouts et
d'un gros poil. Alors ils dénotent une vache *bâtarde*, qui
perdra son lait aussitôt qu'elle sera pleine de nouveau, ou
peu de temps après. On remarquera que, pour les écussons
de cette sorte, les plus grands indiquent, dans cette classe, la
vache la plus mauvaise ; les plus petits indiquent, en général, une bête meilleure. (Voyez planche 9, n° 4.)

QUATRIÈME CLASSE.

VACHES BICORNES.

Je désigne ainsi les vaches de ma quatrième classe, parce qu'elles ont dans leur gravure ou forme d'écusson deux fourches qui représentent deux cornes par le haut, avec deux petits écussons marqués F, à droite et à gauche de la vulve. Les vaches de cette classe sont productives et abondantes en lait.

Cette classe existe dans toutes les races de nos provinces ; chaque ordre, ainsi que dans les autres classes, diffère en quelque chose de la marque générale de la classe. Le produit suit, ainsi qu'il a été dit, le degré de proportion des tailles et des ordres.

Haute taille.

PREMIER ORDRE.

Les vaches de cette taille et de cet ordre donnent, dans leur force de lait, *seize* litres par jour, et maintiennent leur lait jusqu'à ce qu'elles soient pleines de huit mois.

Le premier ordre de cette classe a la finesse des premiers ordres des classes précédentes. Le pis est couvert d'un petit duvet, et le son qui se détache de la peau est d'une couleur rougeâtre et jaunâtre dans toute la partie de l'écusson qui se forme par le contrepoil. Cette gravure, ainsi qu'il est dit ci-dessus, a deux cornes montantes et le milieu se rabaisse à la lettre C. Elle prend, comme dans les classes antérieures, à partir du milieu des quatre mamelles, en dedans des deux jarrets, en montant dans toute l'étendue de la marque et débordant sur les cuisses aux points AA ; à partir de ces points, elle décrit une ligne courbe en dedans jusqu'aux points BB, qui sont à une distance d'environ un décimètre de la vulve, d'où une ligne droite vient se joindre à la lettre C, à deux décimètres environ au-dessous de la vulve. A droite et à gauche de cette dernière se trouvent deux petits écussons de poil montant marqués FF, d'environ cinq centimètres de long et un centimètre de large. Au-dessus et vis-à-vis des mamelles de derrière sont deux petits ovales marqués aussi DD, comme dans les premiers ordres des classes précédentes. (Voyez planche 4, ordre 1er).

DEUXIÈME ORDRE.

Ces vaches donnent *quatorze* litres de lait par jour et maintiennent leur lait jusqu'à ce qu'elles soient pleines de sept mois.

La marque est la même que celle de l'ordre précédent ; l'écusson est un peu plus rabaissé et resserré. Le teint de la peau est le même que dans l'ordre premier. Quant aux deux écussons de poil montant, à droite et à gauche de la vulve, celui de gauche est de la même longueur que dans l'ordre précédent ; celui de droite, marqué F, n'a que la moitié de la grandeur des autres ; mais la corne du côté droit, marquée B, est plus rabaissée que du côté gauche de trois centimètres. Il n'y a qu'un ovale à gauche, au-dessus des mamelles, marqué D.

TROISIÈME ORDRE.

Ces vaches donnent *douze* litres de lait par jour et maintiennent leur lait jusqu'à ce qu'elles soient pleines de six mois.

La marque est la même que ci-dessus, mais plus rabaissée et resserrée entre les cuisses. Il n'y a qu'un écusson à gauche marqué par la lettre F. A droite, le point marqué B est plus bas de cinq centimètres que du côté gauche.

QUATRIÈME ORDRE.

Ces vaches donnent *dix* litres de lait par jour, et maintiennent leur lait jusqu'à ce qu'elles soient pleines de cinq mois.

La marque de cet ordre ressemble à celle de l'ordre précédent; mais il faut remarquer qu'il y a une ligne de poil montant formant un petit écusson au-dessous de la vulve, marqué E, d'environ sept centimètres de long et un centimètre de large. En-dessous des points AA, le poil cesse de monter, et il est remplacé par du poil descendant à droite, marqué I, qui s'enfonce dans la cuisse jusques aux points II. Ce poil descendant se distingue du poil ascendant par sa couleur blanchâtre. Sa largeur, à partir des points AA, est d'un décimètre environ. Il forme en s'enfonçant un angle aigu au point II, d'environ quinze à dix-huit centimètres de long.

Les vaches en qui cette inversion de poil montant formera un manquement plus grand, subiront une diminution de lait plus grande que ne le comporte leur ordre; celles en qui ce manquement sera plus petit, à quelque ordre de la classe qu'elles appartiennent, ne subiront qu'une diminution proportionnelle à leur degré.

CINQUIÈME ORDRE.

Ces vaches donnent *huit* litres de lait par jour, et maintiennent leur lait jusqu'à ce qu'elles soient pleines de quatre mois.

Même forme de marque que ci-dessus ; l'écusson est plus

resserré dans toutes ses parties. A gauche, près de la vulve, est un écusson de poil montant et hérissé, marqué F, d'une longueur d'environ quinze centimètres et large de cinq. A droite et à gauche du point A, sont deux manquemens de poil montant, marqué I, qui s'enfoncent dans les cuisses jusqu'aux points II.

SIXIÈME ORDRE.

Ces vaches donnent *six* litres de lait par jour, et maintiennent leur lait jusqu'à ce qu'elles soient pleines de trois mois.

Elles ont la même marque que celles du cinquième ordre, mais plus resserrée dans toute la partie de l'écusson qui s'enfonce dans les cuisses. Au-dessus de la marque, à droite et à gauche de la vulve, sont deux écussons séparés, marqués des lettres FF, d'un poil montant, hérissé en dehors, de la même longueur et largeur que celui de l'ordre précédent.

SEPTIÈME ORDRE.

Ces vaches donnent *quatre* litres de lait par jour, et maintiennent leur lait jusqu'à ce qu'elles soient pleines de deux mois.

Même marque, mais plus resserrée dans le fond des cuisses. Les écussons à droite et à gauche de la vulve, formés d'un poil montant et hérissé, sont plus longs et plus larges que dans l'ordre précédent, sauf que celui de droite est moins long que l'autre.

HUITIÈME ORDRE.

Ces vaches donnent *trois* litres de lait par jour, et maintiennent leur lait jusqu'à ce qu'elles soient pleines de nouveau.

Même forme de marque, mais bien plus resserrée dans le fond des cuisses. S'il y a quelques poils montans, marqués F , ils sont tout-à-fait hérissés, et dévient en travers.

Moyenne taille.

PREMIER ORDRE.

Les vaches de cette taille et de cet ordre donnent, dans leur force de lait, *quatorze* litres par jour, et maintiennent leur lait jusqu'à ce qu'elles soient pleines de huit mois.

DEUXIÈME ORDRE.

Ces vaches donnent *douze* litres de lait par jour, et maintiennent leur lait jusqu'à ce qu'elles soient pleines de sept mois.

TROISIÈME ORDRE.

Ces vaches donnent *dix* litres de lait par jour, et maintiennent leur lait jusqu'à ce qu'elles soient pleines de six mois.

QUATRIÈME ORDRE.

Ces vaches donnent *huit* litres de lait par jour, et maintiennent leur lait jusqu'à ce qu'elles soient pleines de cinq mois

CINQUIÈME ORDRE.

Ces vaches donnent *six* litres de lait par jour, et maintiennent leur lait jusqu'à ce qu'elles soient pleines de quatre mois.

SIXIÈME ORDRE.

Ces vaches donnent *quatre* litres de lait par jour, et maintiennent leur lait jusqu'à ce qu'elles soient pleines de trois mois.

SEPTIÈME ORDRE.

Ces vaches donnent *trois* litres de lait par jour, et ne maintiennent leur lait que jusqu'à ce qu'elles soient pleines de nouveau.

HUITIÈME ORDRE.

Elles donnent encore moins, et ne maintiennent leur lait que jusqu'à ce qu'elles soient pleines de nouveau.

Basse taille.

PREMIER ORDRE.

Les vaches de cette taille et de cet ordre donnent, dans leur force de lait, *onze* litres par jour, et maintiennent leur lait jusqu'à ce qu'elles soient pleines de huit mois.

DEUXIÈME ORDRE.

Ces vaches donnent *neuf* litres de lait par jour, et maintiennent leur lait jusqu'à ce qu'elles soient pleines de sept mois.

TROISIÈME ORDRE.

Ces vaches donnent *sept* litres de lait par jour, et maintiennent leur lait jusqu'à ce qu'elles soient pleines de six mois.

QUATRIÈME ORDRE.

Ces vaches donnent *cinq* litres par jour, et maintiennent leur lait jusqu'à ce qu'elles soient pleines de cinq mois.

CINQUIÈME ORDRE.

Ces vaches donnent *quatre* litres de lait par jour, et maintiennent leur lait jusqu'à ce qu'elles soient pleines de quatre mois.

SIXIÈME ORDRE.

Ces vaches donnent *trois* litres de lait par jour, et maintiennent leur lait jusqu'à ce qu'elles soient pleines de deux
mois et demi.

SEPTIÈME ORDRE.

Ces vaches donnent *deux* litres de lait par jour et vont
toujours en diminuant jusqu'à ce qu'elles soient pleines de
nouveau.

HUITIÈME ORDRE.

Elles sont encore moins abondantes et tarissent quand
elles sont pleines de nouveau.

Les écussons marqués FF sont de la même largeur et ont
les mêmes propriétés dans les bâtardes de la quatrième
classe que dans celles de la troisième. (Voyez planche 9 ,
n. 5.)

CINQUIÈME CLASSE.

VACHES POITEVINES.

C'est bien improprement, sans doute, que je donne à ces vaches le nom de Poitevines. Ce n'est point que j'aie voulu désigner par là des vaches du Poitou spécialement, c'est seulement parce que la forme de leur écusson représente une espèce de dame-jeanne ou pot de vin. Ainsi, je devrais plutôt les appeler vaches pot-de-vin. Il est aisé de voir, ce que j'ai déjà dit, que je n'ai pas cherché mes noms dans la science ; j'ai tout bonnement suivi l'inspiration de la nature. Mes dénominations pourront paraître originales ; ne m'ôtez pas mon originalité. Si ma découverte est utile, l'usage consacrera les noms de mes huit classes de vaches ; et je dirai à ceux qui seraient tentés de les trouver bizarres : Que vous importe ? le nom n'est rien, la chose est tout.

Haute taille.

PREMIER ORDRE.

Les vaches de cette taille et de cet ordre donnent, dans leur force de lait, *seize* litres par jour, et maintiennent leur lait jusqu'à ce qu'elles soient pleines de huit mois.

Le premier ordre de cette classe a l'épiderme dans sa gravure ou écusson de la couleur des premiers ordres des classes précédentes : le pis fin, couvert d'un petit duvet.

Cette gravure ou écusson prend, à partir des quatre mamelles, en dedans et au-dessus des jarrets, et déborde vers le milieu des cuisses, aux points AA, où il forme une ligne droite venant aux points JJ, qui sont à une distance de douze et quinze centimètres l'un de l'autre. De ces points JJ, une ligne de poil montant se prolonge et va se terminer carrément à la lettre N. Ce carré est d'une largeur de six à huit centimètres et s'arrête à une distance d'environ un décimètre de la vulve. Les vaches en qui ce carré sera plus large et plus près que la lettre N de la vulve, seront les meilleures laitières.

Au-dessus des mamelles de derrière, il y a deux ovales marqués EE, formés par un poil descendant d'environ un décimètre de long sur sept centimètres de large. A droite et à gauche de la vulve sont deux petits écussons de poil montant marqués des lettres OO ; ils ont environ six centimètres de long et un centimètre de large. Le poil de ces écussons est court, fin et très-distinct du poil descendant. (Voyez planche 5, ordre 1er.)

DEUXIÈME ORDRE.

Ces vaches donnent *quatorze* litres de lait par jour, et maintiennent leur lait jusqu'à ce qu'elles soient pleines de sept mois.

La marque a la même forme que celle de l'ordre premier, mais un peu plus resserrée dans toute la partie de la gravure qui forme l'écusson par le poil montant. Au-dessus des mamelles de derrière, il y a un ovale à droite formé par le poil descendant et marqué E. L'écusson à gauche de la vulve est de la même longueur et largeur que dans l'ordre premier ; mais celui de droite est moins long de moitié que celui de gauche, quoique de même largeur.

TROISIÈME ORDRE.

Ces vaches donnent *douze* litres de lait par jour, et maintiennent leur lait jusqu'à ce qu'elles soient pleines de six mois.

La marque a la même forme que ci-dessus, mais plus resserrée ; les points AA sont plus arrondis et ne débordent pas sur les cuisses ; le poil montant, à partir de JJ, est plus resserré ; le point N est plus abaissé au-dessous de la vulve, qui n'a qu'un écusson à gauche, marqué O , d'une longueur de quatre centimètres, sur un centimètre de large.

QUATRIÈME ORDRE.

Ces vaches donnent *dix* litres de lait par jour, et maintiennent leur lait jusqu'à ce quelles soient pleines de cinq mois.

La marque est plus resserrée dans toutes ses parties ; les points AA sont plus enfoncés , et il y a une ligne courbe qui vient sur les points JJ ; la ligne du point JJ au point N est beaucoup plus courte que dans l'ordre précédent. En dessous du point AA , du côté droit , est un manquement de poil montant, marqué P.

CINQUIÈME ORDRE.

Ces vaches donnent *huit* litres de lait par jour, et maintiennent leur lait jusqu'à ce qu'elles soient pleines de quatre mois.

La marque va toujours en se resserrant ; les points AA sont plus enfoncés dans le fond des cuisses, et ne sont pas aussi apparens que dans l'ordre précédent. Au-dessous de la vulve il y a un petit poil montant d'environ trois centimètres de long sur un centimètre de large , marqué E. Le point N est beaucoup plus éloigné de la vulve que dans les ordres antérieurs. A droite et à gauche des points AA sont deux manquemens de poil montant , qui s'enfoncent sur chaque cuisse , marqués PP, d'une largeur de douze centimètres sur un centimètre de long.

SIXIÈME ORDRE.

Ces vaches donnent *six* litres de lait par jour, et maintiennent leur lait jusqu'à ce qu'elles soient pleines de trois mois.

La gravure est plus resserrée et plus abaissée que dans le cinquième ordre. A gauche, près de la vulve, est un écusson hérissé de poil montant , marqué F, qui a environ douze centimètres de long et quatre de large.

SEPTIÈME ORDRE.

Ces vaches donnent *quatre* litres de lait par jour , et maintiennent leur lait jusqu'à ce qu'elles soient pleines de deux mois.

La gravure se resserre et s'abaisse toujours davantage. A droite et à gauche de la vulve sont deux écussons de poil montant et hérissé , dont celui de gauche F est un peu plus long que dans dans l'ordre précédent ; celui de droite, marqué C, a un décimètre de long et quatre centimètres de large. A droite, et au-dessous du point A , est un manquement de poil montant , marqué P.

HUITIÈME ORDRE.

Ces vaches donnent deux litres de lait par jour, et maintiennent leur lait jusqu'à ce qu'elles soient pleines de nouveau.

La marque est tout-à-fait enfoncée dans le fond des cuisses ; à peine peut-on voir les points AA. Le poil hérissé qu'on voit à droite et à gauche de la vulve , marqué CC , ne prouve qu'une dégénération et une mauvaise qualité.

Moyenne taille.

PREMIER ORDRE.

Les vaches de cette taille et de cet ordre donnent, dans leur force de lait, *quatorze* litres par jour, et maintiennent leur lait jusqu'à ce qu'elles soient pleines de huit mois.

DEUXIÈME ORDRE.

Ces vaches donnent *douze* litres de lait par jour, et maintiennent leur lait jusqu'à ce qu'elles soient pleines de sept mois.

TROISIÈME ORDRE.

Ces vaches donnent *dix* litres de lait par jour, et maintiennent leur lait jusqu'à ce qu'elles soient pleines de six mois.

QUATRIÈME ORDRE.

Ces vaches donnent *huit* litres de lait par jour, et maintiennent leur lait jusqu'à ce qu'elles soient pleines de cinq mois.

CINQUIÈME ORDRE.

Ces vaches donnent *six* litres de lait par jour, et maintiennent leur lait jusqu'à ce qu'elles soient pleines de quatre mois.

SIXIÈME ORDRE.

Ces vaches donnent *cinq* litres de lait par jour, et maintiennent leur lait jusqu'à ce qu'elles soient pleines de trois mois.

SEPTIÈME ORDRE.

Ces vaches donnent *trois* litres de lait par jour, et maintiennent leur lait jusqu'à ce qu'elles soient pleines de deux mois.

HUITIÈME ORDRE.

Elles sont encore moins abondantes , et ne maintiennent leur lait que jusqu'à ce qu'elles soient pleines de nouveau.

Basse taille.

PREMIER ORDRE.

Les vaches de cette taille et de cet ordre donnent , dans leur force de lait , *dix* litres par jour , et maintiennent leur lait jusqu'à ce qu'elles soient pleines de huit mois.

DEUXIÈME ORDRE.

Ces vaches donnent *huit* litres de lait par jour , et maintiennent leur lait jusqu'à ce qu'elles soient pleines de sept mois.

TROISIÈME ORDRE.

Ces vaches donnent *six* litres et demi de lait par jour , et maintiennent leur lait jusqu'à ce qu'elles soient pleines de six mois.

QUATRIÈME ORDRE.

Ces vaches donnent *cinq*-litres de lait par jour , et maintiennent leur lait jusqu'à ce qu'elles soient pleines de cinq mois.

CINQUIÈME ORDRE.

Ces vaches donnent *quatre* litres de lait par jour , et maintiennent leur lait jusqu'à ce qu'elles soient pleines de quatre mois.

SIXIÈME ORDRE.

Ces vaches donnent *trois* litres de lait par jour , et maintiennent leur lait jusqu'à ce qu'elles soient pleines de trois mois.

SEPTIÈME ORDRE.

Ces vaches donnent *deux* litres de lait par jour, et maintiennent leur lait jusqu'à ce qu'elles soient pleines de deux mois.

HUITIÈME ORDRE.

Elles donnent *un* litre de lait par jour, et ne maintiennent leur lait que jusqu'à ce qu'elles soient pleines de nouveau.

Quand les écussons marqués FF sont de la longueur et largeur spécifiées dans la désignation des troisième et quatrième classes, ils indiquent des vaches *bâtardes*. Ici, comme précédemment, les plus petits écussons indiquent les meilleures vaches. (Voyez planche 9, n.° 6).

SIXIÈME CLASSE.

VACHES ÉQUERRINES.

L'énoncé seul du nom indique la forme de l'écusson qui, en effet, dessine une équerre par le haut. La description que je vais en donner fera mieux comprendre quelle est cette figure.

Haute taille.

PREMIER ORDRE.

Les vaches de cette taille et de cet ordre donnent, dans leur force de lait, *seize* litres par jour, et maintiennent leur lait jusqu'à ce qu'elles soient pleines de huit mois.

L'épiderme est de la même couleur que dans les premiers ordres des classes précédentes, dans la gravure ou écusson formé par le poil montant. Le pis est fin, couvert d'un poil court et fin. La gravure prend comme dans les classes antérieures, dans le fond des cuisses, en dedans et un peu des jarrets, montant sur les cuisses et débordant jusques sur les points AA. De là, elle forme un équerre, par une ligne droite qui s'enfonce dans les cuisses sur les points JJ, qui sont à une distance l'un de l'autre d'environ douze à quinze centimètres. Des points JJ, deux lignes droites en montant vont se joindre, formant un angle aigu, à la lettre E, qui est à une distance d'environ cinq à six centimètres de la vulve. De là part une ligne formant une équerre à gauche, marqué B, en montant du même côté, jusqu'en C, qui est à l'orifice du vagin. Cette équerre, à partir de EB, se prolonge jusqu'à ce que la lettre C, ayant à peu près la même dimension que EB, c'est-à-dire un décimètre de long et trois décimètres de large, pendant que la ligne BC a douze à quinze centimètres de long sur deux à trois centimètres de large.

Au-dessus, et vis-à-vis des mamelles de derrière, à droite et à gauche du pis, sont deux petits ovales formés par un poil descendant au milieu du poil montant, et marqués GG, et d'environ dix à douze centimètres de long, sur six à sept de large. Ces ovales de poil descendant se distinguent par leur couleur blanchâtre.

Les équerres les plus rapprochées de la vulve annoncent les plus grandes laitières. (Voyez planche 6, ordre 1er.)

DEUXIÈME ORDRE.

Ces vaches donnent *quatorze* litres de lait par jour, et maintiennent leur lait jusqu'à ce qu'elles soient pleines de sept mois.

La marque est la même que dans l'ordre précédent, mais plus resserrée dans toute l'étendue de l'écusson. L'équerre à gauche de la vulve est un peu plus rabaissée et plus longue que dans l'ordre premier ; il n'y a qu'un ovale à gauche, au-dessus des mamelles de derrière. Cet ovale est de la même grandeur que ceux ci-dessus marqués G.

TROISIÈME ORDRE.

Ces vaches donnent *douze* litres de lait par jour, et maintiennent leur lait jusqu'à ce qu'elles soient pleines de six mois.

La gravure a toujours la même forme, mais plus abaissée et resserrée dans toutes ses parties. Les points AA ne

débordent pas autant sur les cuisses que dans l'ordre second,
et la gravure se resserre, par une ligne courbe, sur les
points JJ.

L'angle formé par JJ, joignant la lettre E, est plus
étroit que EB, et plus court que BC. Cette ligne est, en elle-
même, plus large et plus longue que dans l'ordre qui pré-
cède.

QUATRIÈME ORDRE.

Ces vaches donnent *dix* litres de lait par jour, et maintiennent leur lait jusqu'à ce qu'elles soient pleines de cinq
mois.

La marque va toujours se rabaissant et se resserrant en
proportion. A droite de la vulve est un écusson de poil hérissé et montant, marqué F, qui a environ un décimètre de
long et quatre centimètres de large. Sous le point A, à droite,
est un manquement de poil qui s'enfonce dans la cuisse,
marqué U.

CINQUIÈME ORDRE.

Ces vaches donnent *huit* litres de lait par jour et maintiennent leur lait jusqu'à ce qu'elles soient pleines de quatre
mois.

Même marque, mais toujous plus resserrée dans toute
l'étendue de la gravure. Les lignes de poil montant, à droite
et à gauche de la vulve, sont hérissées, et dévient un peu en
montant. Sous le point A, à droite est un manquement de
poil qui s'enfonce dans la cuisse, marqué U.

SIXIÈME ORDRE.

Ces vaches donnent *six* litres de lait par jour, et maintiennent leur lait jusqu'à ce qu'elles soient pleines de trois
mois.

La gravure se resserre encore dans le fond des cuisses; l'équerre s'éloigne toujours davantage de la vulve, en se rabaissant en proportion. Les lignes de poil montant, à droite et à gauche de la vulve, sont d'un poil gros et hérissé.

SEPTIÈME ORDRE.

Ces vaches donnent *quatre* litres de lait par jour, et maintiennent leur lait jusqu'à ce qu'elles soient pleines de deux mois.

L'écusson s'enfonce et se rabaisse encore plus que dans le sixième ordre. La ligne de poil montant à droite, marquée F, est aussi plus hérissée et plus large.

HUITIÈME ORDRE.

Ces vaches donnent *deux* litres de lait par jour, et maintiennent leur lait seulement jusqu'à ce qu'elles soient pleines de nouveau.

La forme de l'écusson est la même, mais bien étroite et enfoncée dans les cuisses.

Moyenne taille.

PREMIER ORDRE.

Les vaches de cette taille et de cet ordre donnent, dans leur force de lait, *douze* à *treize* litres par jour, et maintiennent leur lait jusqu'à ce qu'elles soient pleines de huit mois.

DEUXIÈME ORDRE.

Ces vaches donnent *dix* litres de lait par jour, et maintiennent leur lait jusqu'à ce qu'elles soient pleines de sept mois.

TROISIÈME ORDRE.

Ces vaches donnent *huit* litres de lait par jour, et maintiennent leur lait jusqu'à ce qu'elles soient pleines de six mois.

QUATRIÈME ORDRE.

Ces vaches donnent *six* litres de lait par jour, et maintiennent leur lait jusqu'à ce qu'elles soient pleines de cinq mois.

CINQUIÈME ORDRE.

Ces vaches donnent *quatre* litres *et demi* de lait par jour, et maintiennent leur lait jusqu'à ce qu'elles soient pleines de quatre mois.

SIXIÈME ORDRE.

Ces vaches donnent *trois* litres *et demi* de lait par jour, et maintiennent leur lait jusqu'à ce qu'elles soient pleines de trois mois.

SEPTIÈME ORDRE.

Ces vaches donnent *deux* litres de lait par jour, et maintiennent leur lait jusqu'à ce qu'elles soient pleines d'un mois et demi.

HUITIÈME ORDRE.

Elles sont encore moins abondantes, et ne conservent leur lait que jusqu'à ce qu'elles soient pleines de nouveau.

Basse taille.

PREMIER ORDRE.

Les vaches de cette taille et de cet ordre donnent, dans leur force de lait, *neuf* litres par jour, et maintiennent leur lait jusqu'à ce qu'elles soient pleines de huit mois.

DEUXIÈME ORDRE.

Ces vaches donnent *huit* litres de lait par jour, et maintiennent leur lait jusqu'à ce qu'elles soient pleines de sept mois.

TROISIÈME ORDRE.

Ces vaches donnent *six* litres de lait par jour, et maintiennent leur lait jusqu'à ce qu'elles soient pleines de six mois.

QUATRIÈME ORDRE.

Ces vaches donnent *quatre* litres et demi de lait par jour, et maintiennent leur lait jusqu'à ce qu'elles soient pleines de cinq mois.

CINQUIÈME ORDRE.

Ces vaches donnent *trois* litres et *demi* de lait par jour, et maintiennent leur lait jusqu'à ce qu'elles soient pleines de quatre mois.

SIXIÈME ORDRE.

Ces vaches donnent *deux* litres et *demi* de lait par jour, et maintiennent leur lait jusqu'à ce qu'elles soient pleines de trois mois.

SEPTIÈME ORDRE.

Ces vaches donnent *un* litre de lait par jour, et maintiennent leur lait jusqu'à ce qu'elles soient pleines d'un mois et demi.

HUITIÈME ORDRE.

Elles donnent encore moins, et ne maintiennent leur lait que jusqu'à ce qu'elles soient pleines de nouveau.

Lorsque les vaches de cette classse ont l'écusson de droite de la vulve, marqué par O, d'un poil hérissé, il indique une *bâtarde*. C'est le seul signe qui indique la dégénération dans cette clase et dans chacun de ses ordres, suivant la longueur et la largeur de l'écusson, et surtout si le montant de l'équerre à gauche de la vache se trouve également d'un poil hérissé comme l'écusson de droite.

Ces écussons formés par le poil montant qui dévie par travers, sont ordinairement d'un gros poil et d'une longueur de douze à quinze centimètres, sur une largeur de cinq à six. Quand ils sont petits, la perte du lait n'est ni aussi sensible ni aussi prompte ; mais les vaches ne le perdront pas moins, par une diminution graduée du produit, quelques temps après qu'elles seront pleines. (Voyez planche 9, n° 6).

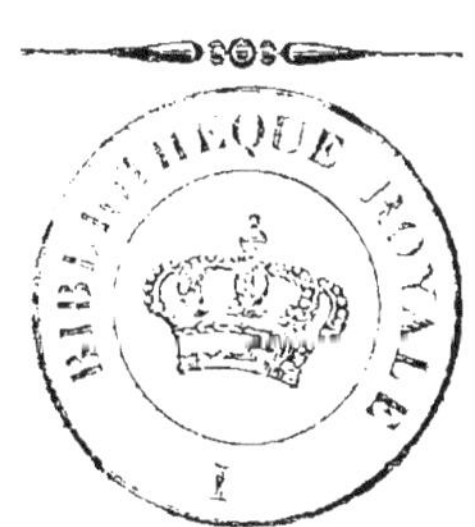

SEPTIÈME CLASSE.

VACHES LIMOUSINES.

La première vache de cette classe que j'examinai était, en effet, limousine. Mais il ne faut pas croire qu'il n'y ait que les vaches du Limousin qui appartiennent à cette classe : on retrouve de ces vaches dans toutes les races, avec leurs ordres et leurs marques différentielles. Si je leur ai donné le nom de *Limousines*, c'est une dénomination purement arbitraire ; j'ai été guidé par le même esprit qui m'a fait donner aux vaches de ma première classe le nom de *Flandrines*.

Haute taille.

PREMIER ORDRE.

Les vaches de cette taille et de cet ordre donnent, dans leur force de lait, *quatorze* litres par jour, et maintiennent leur lait jusqu'à ce qu'elles soient pleines de huit mois.

Le premier ordre de cette classe a l'épiderme de la même couleur que celui des premiers ordres des classes précédentes, dans la gravure ou écusson formé par le contrepoil montant. Le pis est fin et couvert d'un poil court, fin et soyeux. Cette gravure prend, comme dans les classes ci-dessus, du fond des cuisses, à partir du milieu des quatre mamelles, s'étendant aussi au-dedans et au-dessus des jarrets, en montant et débordant sur les cuisses, jusqu'aux lettres AA. De ce point, elle dessine une équerre, par une ligne droite qui s'enfonce en se rabaissant au-dedans jusqu'aux points JJ, qui sont à une distance, l'un de l'autre, d'un décimètre environ. Des points JJ, deux lignes droites vont se rejoindre près de la vulve, au point O, qui en est éloigné de sept centimètres, formant un angle aigu par le haut et obtus par le bas, et tourné en dehors.

A droite et à gauche de la vulve sont deux écussons marqués CC, d'environ sept centimètres de long sur un centimètre cinquante millimètres de large chacun. Au-dessus des mamelles de derrière, on voit deux ovales de poil descendant dans celui qui remonte, marqués GG. Ils ont environ un décimètre de long sur six centimètres de large. Le poil qui les forme est très-distinct par sa couleur blanchâtre.

Les vaches qui ne seront pas bien caractérisées, et qui n'auront pas d'écusson de poil montant à droite et à gauche de la vulve, seront néanmoins bonnes également. (Voyez planche 7, ordre 1er).

DEUXIÈME ORDRE.

Ces vaches donnent *douze* litres de lait par jour, et maintiennent leur lait jusqu'à ce qu'elles soient pleines de sept mois.

Les signes caractéristiques sont les mêmes que ceux de l'ordre premier, sauf que l'écusson est plus resserré dans toutes ses parties. Les écussons de droite et de gauche de la vulve sont plus courts et plus larges que ceux qui, dans l'ordre précédent, sont marqués CC.

TROISIÈME ORDRE.

Ces vaches donnent *dix* litres de lait par jour, et maintiennent leur lait jusqu'à ce qu'elles soient pleines de six mois.

La gravure est la même, mais plus resserrée. L'écusson près de la vulve, à gauche, marqué C, a douze centimètres de long et trois centimètres de large. A droite de la vulve est un petit écusson marqué E, aussi de poil montant, qui a sept centimètres de long et trois centimètres de larges. Du point O à la vulve il y a une distance de quinze centimètres.

QUATRIÈME ORDRE.

Ces vaches donnent *huit* litres de lait par jour, et maintiennent leur lait jusqu'à ce qu'elles soient pleines de cinq mois.

La gravure est toujours la même, mais toujours plus resserrée. Cet ordre n'a qu'un écusson de poil montant à gauche près de la vulve, marqué C, lequel a deux décimètres de long, et trois centimètres de large.

CINQUIÈME ORDRE.

Ces vaches donnent *six* litres *et demi* de lait par jour, et maintiennent leur lait jusqu'à ce qu'elles soient pleines de quatre mois.

Même forme de gravure, mais de plus en plus abaissée et resserrée dans le fond des cuisses. S'il y a des écussons de poil hérissé à droite et à gauche de la vulve, ils sont plus longs et plus larges que dans l'ordre précédent.

SIXIÈME ORDRE.

Ces vaches donnent *cinq* litres de lait par jour, et maintiennent leur lait jusqu'à ce qu'elles soient pleines de trois mois.

La gravure est la même, mais toujours plus resserrée dans le fond des cuisses, et le point O est plus éloigné de la vulve que dans l'ordre précédent. A gauche de la vulve est un écusson de poil hérissé et montant marqué F.

SEPTIÈME ORDRE.

Ces vaches donnent *quatre* litres de lait par jour et maintiennent leur lait jusqu'à ce qu'elles soient pleines d'un mois.

La gravure est encore plus abaissée et resserrée dans le fond des cuisses. Les écussons à droite et à gauche de la vulve, marqués FF, sont d'un poil gros qui se hérisse en montant, et plus larges de quelques centimètres que dans les ordres ci-dessus.

HUITIÈME ORDRE.

Ces vaches donnent *deux* litres de lait par jour, et ne maintiennent leur lait que jusqu'à ce qu'elles soient pleines de nouveau.

La gravure est la même, mais tellement resserrée et enfoncée dans les cuisses qu'à peine peut-on la désigner et l'apercevoir. Les épis de contrepoil montant sont encore plus longs et plus larges que dans l'ordre septième.

Moyenne taille.

PREMIER ORDRE.

Les vaches de cette taille et de cet ordre donnent dans leur force de lait *onze* litres par jour, et maintiennent leur lait jusqu'à ce qu'elles soient pleines de huit mois.

DEUXIÈME ORDRE.

Ces vaches donnent *neuf* litres de lait par jour, et maintiennent leur lait jusqu'à ce qu'elles soient pleines de sept mois.

TROISIÈME ORDRE.

Ces vaches donnent *sept* litres et *demi* de lait par jour, et maintiennent leur lait jusqu'à ce qu'elles soient pleines de six mois.

QUATRIÈME ORDRE.

Ces vaches donnent *cinq* litres et *demi* de lait par jour, et maintiennent leur lait jusqu'à ce qu'elles soient pleines de cinq mois.

CINQUIÈME ORDRE.

Ces vaches donnent *quatre* litres de lait par jour, et maintiennent leur lait jusqu'à ce qu'elles soient pleines de quatre mois.

SIXIÈME ORDRE.

Ces vaches donnent *trois* litres de lait par jour, et maintiennent leur lait jusqu'à ce qu'elles soient pleines de trois mois.

SEPTIÈME ORDRE.

Ces vaches donnent *deux* litres de lait par jour, et maintiennent leur lait jusqu'à ce qu'elles soient pleines de deux mois.

HUITIÈME ORDRE.

Elles donnent également *deux* litres de lait par jour, et maintiennent leur lait jusqu'à ce qu'elles soient pleines de nouveau.

Basse taille.

PREMIER ORDRE.

Les vaches de cette taille et de cet ordre donnent, dans

leur force de lait, *huit* litres par jour, et maintiennent leur lait jusqu'à ce qu'elles soient pleines de huit mois.

DEUXIÈME ORDRE.

Ces vaches donnent *sept* litres de lait par jour, et maintiennent leur lait jusqu'à ce qu'elles soient pleines de sept mois.

TROISIÈME ORDRE.

Ces vaches donnent *six* litres de lait par jour, et maintiennent leur lait jusqu'à ce qu'elles soient pleines de six mois.

QUATRIÈME ORDRE.

Ces vaches donnent *cinq* litres de lait par jour, et maintiennent leur lait jusqu'à ce qu'elles soient pleines de cinq mois.

CINQUIÈME ORDRE.

Ces vaches donnent *quatre* litres de lait par jour, et maintiennent leur lait jusqu'à ce qu'elles soient pleines de quatre mois.

SIXIÈME ORDRE.

Ces vaches donnent *trois* litres de lait par jour, et maintiennent leur lait jusqu'à ce qu'elles soient pleines de trois mois.

SEPTIÈME ORDRE.

Ces vaches donnent *deux* litres de lait par jour, et maintiennent leur lait jusqu'à ce qu'elles soient pleines d'un mois.

HUITIÈME ORDRE.

Elles donnent *un* litre de lait par jour, et ne maintiennent leur lait que jusqu'à ce qu'elles soient pleines de nouveau.

L'écusson de poil montant à droite et à gauche de la

vulve, marqué FF, a la même longueur et largeur que ceux des vaches bâtardes courbe-lignes et bicornes. Il indique également les vaches dégénérées et bâtardes de la classe septième. (Voyez planche 9, n. 8.)

HUITIÈME CLASSE.

VACHES CARRÉSINES.

D'après mon système de nomenclature, j'appelle vaches carrésines celles dont la gravure forme à peu près un carré par le haut. On est déjà suffisamment averti que tous ces noms sont arbitraires.

Haute taille.

PREMIER ORDRE.

Les vaches de cette taille et de cet ordre donnent, dans leur force de lait, *douze* litres par jour, et maintiennent leur lait jusqu'à ce qu'elles soient pleines de huit mois.

Ce premier ordre et cette classe ont une gravure qui diffère des autres classes. Le son qui tombe de l'écusson est d'une couleur rouge et jaunâtre, se détachant de la peau comme une poussière. Le poil de l'écusson est court et fin, la peau satinée ; les quatre mamelles sont bien écartées. Cet écusson prend, comme dans les autres classes, à partir du milieu des quatre mamelles, en dedans et un peu au dessus des jarrets, en montant et débordant sur les cuisses aux points EE, formant à ces points EE une ligne transversale du milieu d'une cuisse à l'autre. La figure de l'écusson s'arrête au bas des cuisses, vers le milieu du pis.

Quoique l'écusson ou gravure caractéristique ne s'élève

pas aussi haut que dans les classes précédentes , il n'en faut
pas moins remarquer les deux petits écussons de droite et de
gauche de la vulve, qui indiquent le maintien du lait pendant la gestation nouvelle, quand ils ne sont pas plus
grands que ne le comportent la classe et l'ordre. Ces écussons, marqués CC, sont formés d'un petit poil montant d'une
longueur de huit à dix centimètres sur un centimètre de
large. Au-dessus et vis-à-vis des mamelles de derrière, sont
deux ovales de poil descendant dans celui qui remonte, marqués par les lettres BB. La couleur du poil de ces ovales
est blanchâtre. (Voyez planche 8, ordre 1ᵉʳ.)

DEUXIÈME ORDRE.

Ces vaches donnent *dix* litres de lait par jour, et maintiennent leur lait jusqu'à ce qu'elles soient pleines de sept
mois.

La marque est la même que dans l'ordre précédent ,
mais plus resserrée dans le bas de l'écusson. Les écussons à
droite et à gauche de la vulve sont inégaux ; celui de droite
est plus court de quelques centimètres que celui de gauche,
qui a la longueur de celui de l'ordre premier. Ils sont marqués CC. Plusieurs ordres ont un petit écusson au-dessous
et vis-à-vis de la vulve, marqué N, et qui touche à la vulve
par le haut. Il a une longueur de cinq centimètres sur un
de largeur ; il est d'un poil fin et montant.

TROISIÈME ORDRE.

Ces vaches donnent *huit* litres de lait par jour, et maintiennent leur lait jusqu'à ce qu'elles soient pleines de six
mois.

La marque a la même forme, mais plus resserrée que
dans l'ordre antérieur. Les points EE sont aussi plus abais-

sès et plus resserrés. Il n'y a qu'un écusson à gauche marqué G, d'un poil montant, qui se hérisse en déviant toujours en dehors dans une longueur de douze à quinze centimètres sur une largeur de deux à trois.

Dans le fond des cuisses, du côté droit, à partir du point A, est un défaut de poil montant qui se trouve remplacé par du poil descendant qui s'enfonce en pointe vers les mamelles sur une longueur de deux décimètres et une largeur d'un décimètre.

Toutes les fois que ces marques existeront dans quelque classe et dans quelque ordre que ce soit, elles indiqueront une diminution d'un tiers à peu près du produit attribué à chaque ordre. Ce poil descendant est très-distinct par sa couleur blanchâtre.

QUATRIÈME ORDRE.

Ces vaches donnent *six* litres de lait par jour, et maintiennent leur lait jusqu'à ce qu'elles soient pleines de quatre mois et demi.

La gravure est plus resserrée et plus abaissée que dans l'ordre troisième. Il y a seulement une ligne de poil montant entre les cuisses, vis-à-vis de la vulve, marquée N, d'environ un décimètre de long et deux centimètres de large, qui se termine à la distance d'environ cinq à six centimètres de la vulve. Il y a dans l'écusson deux manquemens de poil montant à droite et à gauche marqués AA ; celui de droite est plus grand que celui de gauche.

CINQUIÈME ORDRE.

Ces vaches donnent *cinq* litres de lait par jour, et maintiennent leur lait jusqu'à ce qu'elles soient pleines de trois mois et demi.

La marque se rabaisse et se resserre toujours ; seulement quelques gros poils marqués F se hérissent en montant à gauche de la vulve, sur une longueur de quinze centimètres, et une largeur de quatre. Quand les écussons auront les proportions de ceux du premier ordre de la classe, les vaches maintiendront leur lait comme celles de cet ordre.

SIXIÈME ORDRE.

Ces vaches donnent *quatre* litres de lait par jour, et maintiennent leur lait jusqu'à ce qu'elles soient pleines de deux mois

L'écusson est plus rabaissé et plus resserré dans le fond des cuisses ; les points EE ne débordent pas sur les cuisses, et se trouvent renfoncées vers le milieu, en dedans de chaque cuisse. Les lignes de poil montant à droite et à gauche de la vulve, marqués FF, les plus longues et les plus larges, d'un poil hérissé, quoique inégales, sont toujours une mauvaise marque pour la conservation du lait, pendant la gestation nouvelle.

SEPTIÈME ORDRE.

Ces vaches donnent *trois* litres de lait par jour, et maintiennent leur lait jusqu'à ce qu'elles soient pleines d'un mois.

L'écusson est plus rabaissé et resserré que dans l'ordre ci-dessus ; les signes de dégénération sont les mêmes et marqués aussi F.

HUITIÈME ORDRE.

Ces vaches donnent *deux* litres de lait par jour, et ne maintiennent leur lait que jusqu'à ce qu'elles soient pleines de nouveau.

L'écusson est plus rabaissé et plus resserré encore dans le fond des cuisses. C'est à peine si on peut apercevoir cette gravure, formée par le contrepoil à cette profondeur, avec quelques gros poils qui dévient en travers dans la partie gauche en montant vers la vulve, et marqués F.

Moyenne taille.

PREMIER ORDRE.

Ces vaches donnent, dans leur force de lait, *neuf* litres par jour, et maintiennent leur lait jusqu'à ce qu'elles soient pleines de huit mois.

DEUXIÈME ORDRE.

Ces vaches donnent *huit* litres de lait par jour, et maintiennent leur lait jusqu'à ce qu'elles soient pleines de sept mois.

TROISIÈME ORDRE.

Ces vaches donnent *sept* litres de lait par jour, et maintiennent leur lait jusqu'à ce qu'elles soient pleines de cinq mois et demi.

QUATRIÈME ORDRE.

Ces vaches donnent *six* litres de lait par jour, et maintiennent leur lait jusqu'à ce qu'elles soient pleines de quatre mois.

CINQUIÈME ORDRE.

Ces vaches donnent *cinq* litres de lait par jour, et maintiennent leur lait jusqu'à ce qu'elles soient pleines de trois mois.

SIXIÈME ORDRE.

Ces vaches donnent *quatre* litres de lait par jour, et maintiennent leur lait jusqu'à ce qu'elles soient pleines de deux mois.

SEPTIÈME ORDRE.

Ces vaches donnent *trois* litres de lait par jour, et maintiennent leur lait jusqu'à ce qu'elles soient pleines d'un mois.

HUITIÈME ORDRE.

Ces vaches donnent *deux* litres de lait par jour, et ne maintiennent leur lait que jusqu'à ce qu'elles soient pleines de nouveau.

Basse taille.

PREMIER ORDRE.

Les vaches de cette taille et de cet ordre donnent, dans dans leur force de lait, *six* litres par jour, et maintiennent leur lait jusqu'à ce qu'elles soient pleines de huit mois.

DEUXIÈME ORDRE.

Ces vaches donnent *cinq* litres de lait par jour, et maintiennent leur lait jusqu'à ce qu'elles soient pleines de sept mois.

TROISIÈME ORDRE.

Ces vaches donnent *quatre* litres de lait par jour, et maintiennent leur lait jusqu'à ce qu'elles soient pleines de cinq mois.

QUATRIÈME ORDRE.

Ces vaches donnent *trois* litres de lait par jour, et maintiennent leur lait jusqu'à ce qu'elles soient pleines de quatre mois.

CINQUIÈME ORDRE.

Ces vaches donnent *deux* litres de lait par jour, et maintiennent leur lait jusqu'à ce qu'elles soient pleines de trois mois.

SIXIÈME ORDRE.

Ces vaches donnent *un* litre de lait par jour, et main

tiennent leur lait jusqu'à ce qu'elles soient pleines de deux mois.

SEPTIÈME ET HUITIÈME ORDRES.

Ces vaches sont encore moins abondantes, et ne maintiennent leur lait que jusqu'à ce qu'elles soient pleines de nouveau.

Les vaches *bâtardes* de cette classe n'ont point de marque ou écusson dans aucune partie où on les remarque d'ordinaire. Le poil est descendant depuis la vulve jusqu'au fond des cuisses, et au bas des mamelles, sans avoir aucun poil montant. N'ayant aucune marque distinctive, elles ne figurent pas sur la planche neuvième.

Il y a de ces vaches qui offrent de grands avantages pour le produit ; mais elles ne donnent plus de lait lorsqu'elles sont pleines de nouveau, ou peu de jours après. Celles qui ont le poil du fond des cuisses très-fin donneront de bon lait ; celles, au contraire, dont le poil dans cette partie sera gros et clair ne donneront qu'un lait séreux.

Après avoir attaché à chaque classe de vaches les désignations de *bâtardes* qui lui appartiennent, il est convenable d'indiquer aussi quels sont les signes qui caractérisent les taureaux *bâtards*. A quelque classe que se rapportent les taureaux, la forme de leur marque est, à peu de chose près, la même que celle des vaches de cette classe ; mais l'écusson est, ainsi que je l'ai dit, un peu plus resserré dans toutes ses parties. Or, quand il y aura dans cette gravure ou écusson, qui prend depuis le dehors des cuisses jusqu'aux bourses, quand il y aura, dis-je, des interstices de poil montant remplis par du poil descendant à rebours dans celui qui

remonte , ces lignes de poil descendant indiqueront un taureau *bâtard*. Plus ces lignes seront grandes , plus elles indiqueront d'abâtardissement et de dégénération. Les taureaux
qui auront la forme de leur écusson bien haute et bien caractérisée, ne seront nullement bâtards pour la reproduction
et la bonté du produit.

FIN.

TABLE DES MATIÈRES.

ERRATA.

Page 72. *Cinquième ordre.* — Il y a à gauche un épi de poil hérissé et montant, marqué F, d'environ deux décimètres de long et quatre de large, lisez : et quatre centimètres de large.

Page 73. *Second ordre.* — Au bas de la page, pleines de cinq mois, lisez : sept mois.

Page 87. Troisième ligne de la page, fin du cinquième ordre, sur un centimètre de long, lisez : sur un décimètre de long.

Page 92. Ligne seconde, se prolonge jusqu'à ce que la lettre C, lisez : jusqu'à la lettre C.

Même page, quatrième ligne, lisez : trois centimètres, au lieu de trois décimètres.

DÉCOUVERTE
GUENON
TRAITÉ
DES
VACHES LAITIÈRES
Lith Chapouilié
Bordeaux
Dépôt

VACHE LAITIÈRE

TABLEAU 1.er

1.er
Ordre

5.me
Ordre

PREMIERE CLASSE, les Vaches Flandrines

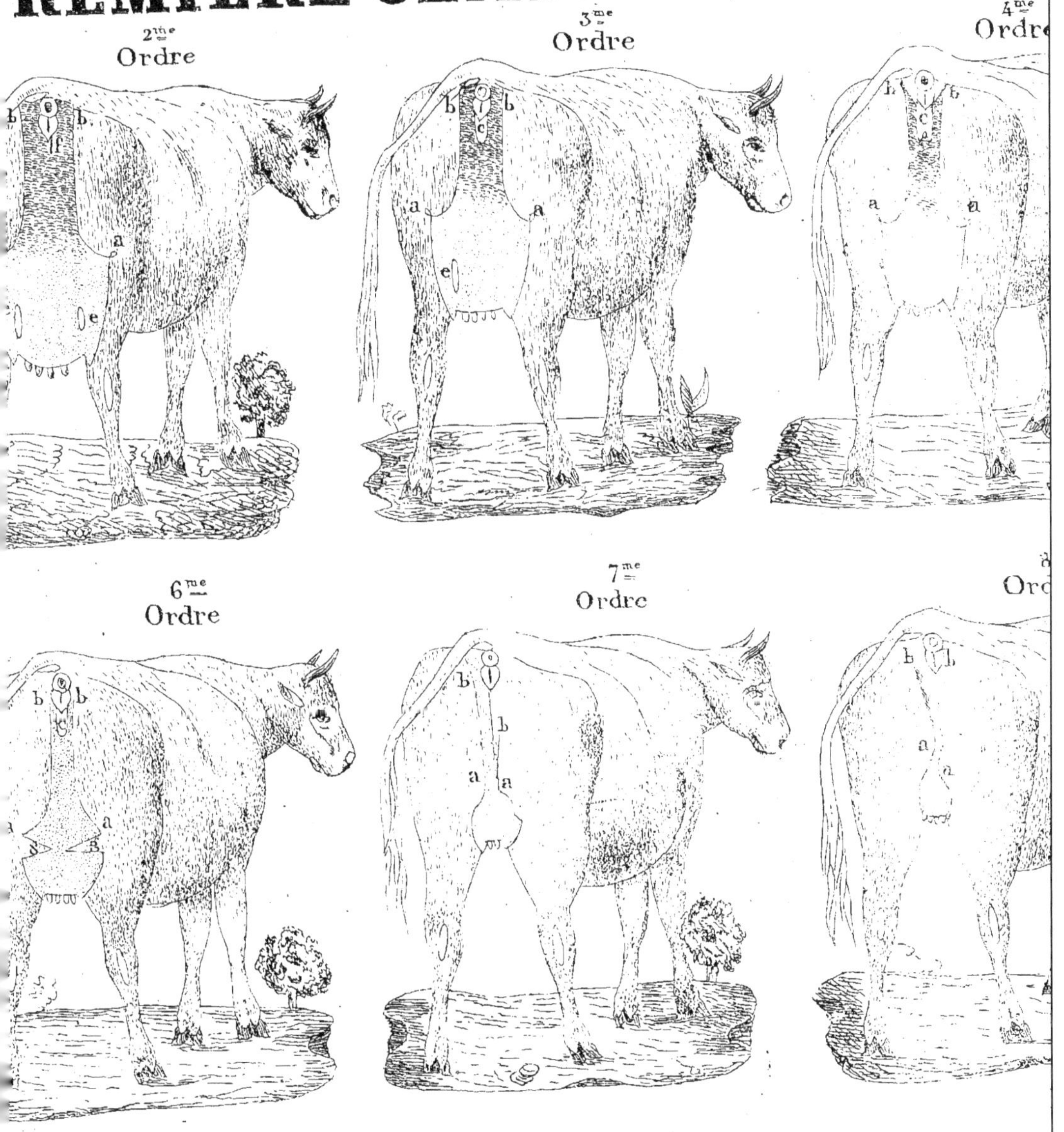

TABLEAU 2. SECONDE CLAS

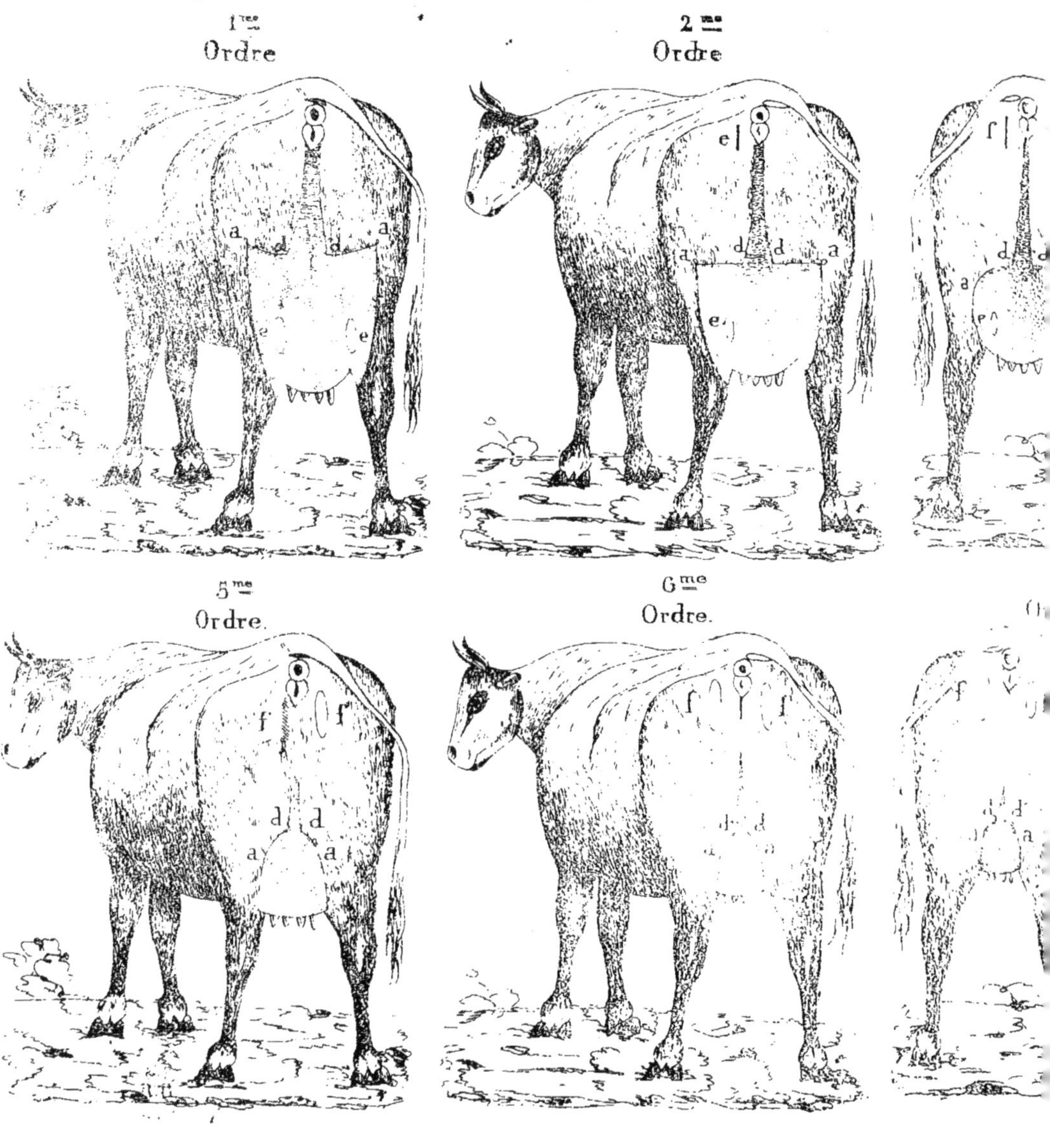

E les Vaches à Lizières.

4.me
Ordre.

8.me
Ordre.

1er
Ordre.

5me
Ordre

Lith. de Chapouihe Bordeaux

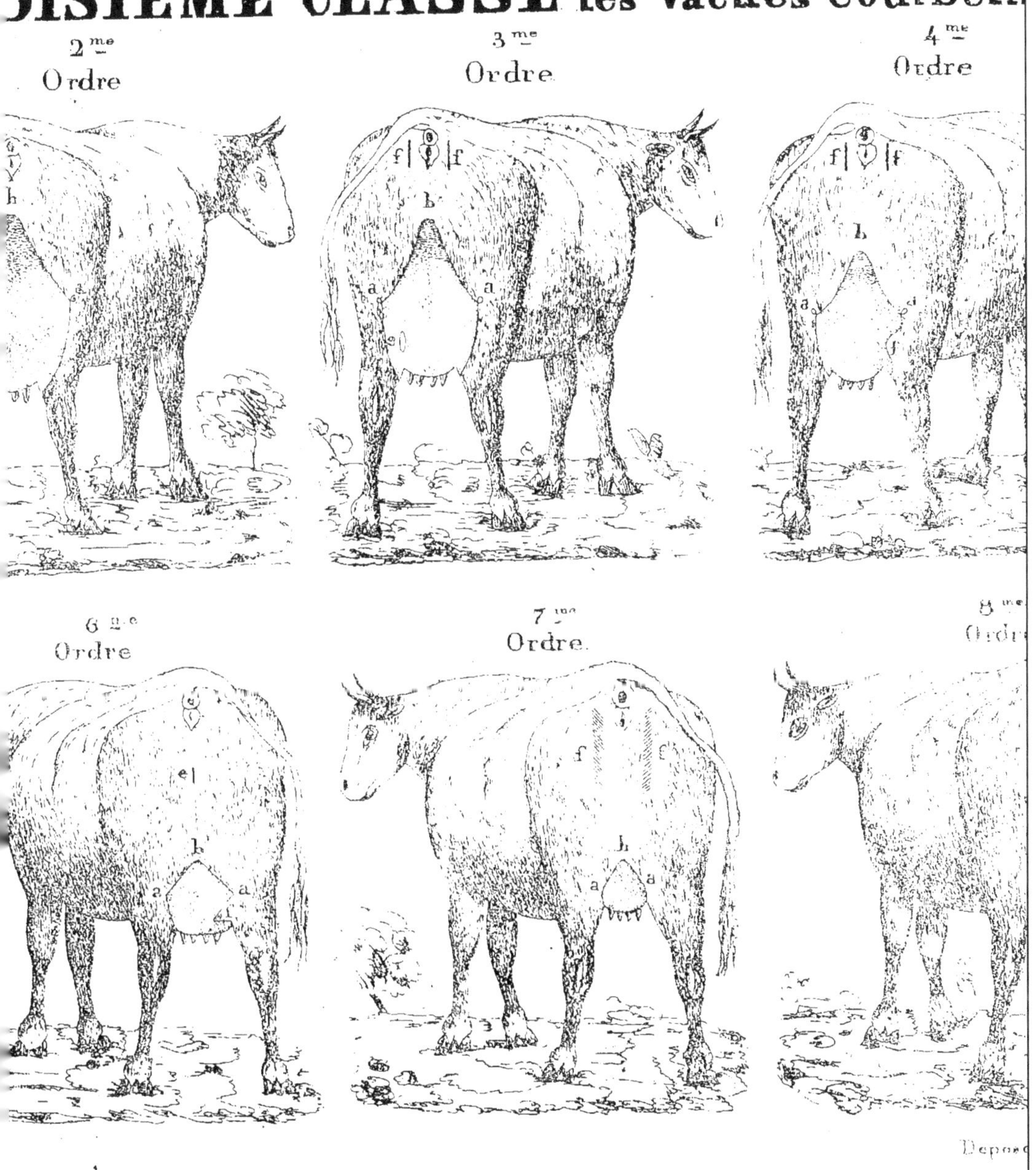
2me
Ordre
3me
Ordre
4me
Ordre
6me
Ordre
7me
Ordre.
8me
Ordre

4

TABLEAU 4.ᵐᵉ QUATRIÈME CLAS

E les Vaches Bicornes.

TABLEAU 5ᵐᵉ CINQUIEME CLAS.

1ᵉʳ
Ordre.

2ᵐᵉ
Ordre.

3
Ord

5ᵐᵉ
Ordre.

6ᵐᵉ
Ordre.

Chapelle Bordeaux

les Vaches Potevines

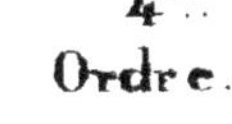

TABLEAU 6.me SIX
1er
Ordre
6.ue
Ordre
Bordeaux

IÈME CLASSE les Vaches Bernennes
Ordre
Ordre
7me Ordre
8 Ordre
Ordre

TABLEAU 7.me SEPTIEME CLA...

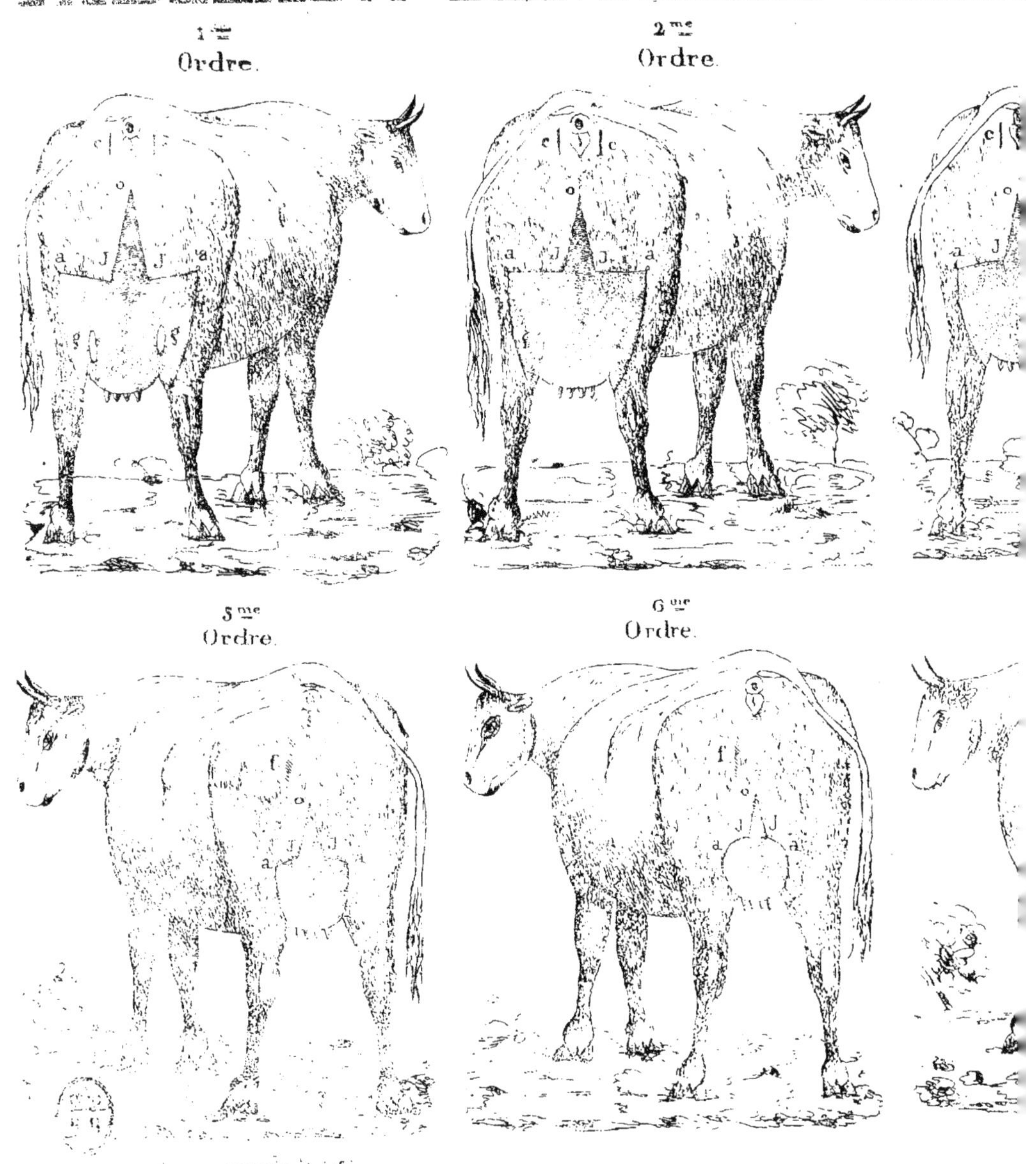

SE les Vaches Limouzines.

3.me ordre.

4.me Ordre.

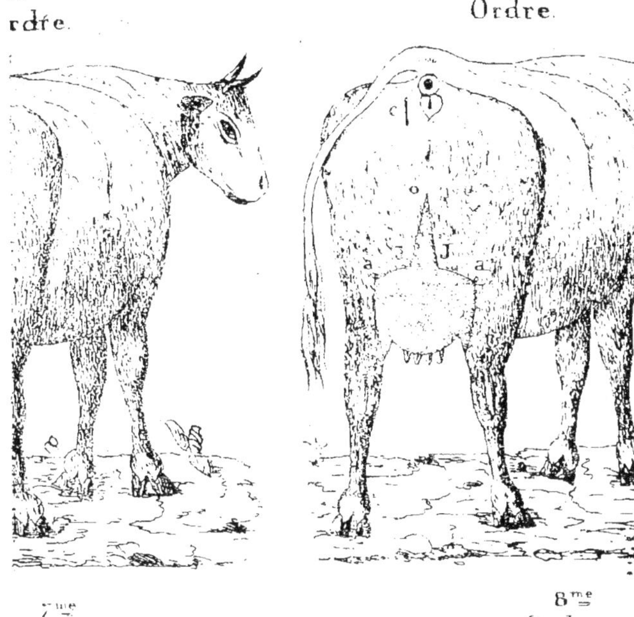

7.me Ordre.

8.me Ordre

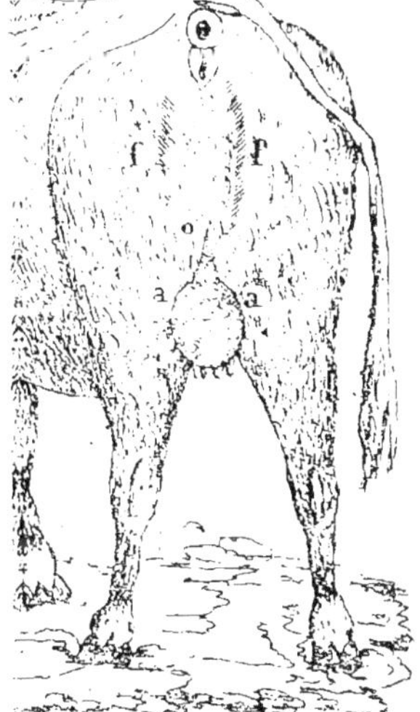

TABLEAU 8

1er
Ordre.

5me
Ordre.

HUITIÈME CLASSE les Vaches Carr[ées]

2.me Ordre.

3.me Ordre.

4.e Ordre.

6.me Ordre.

7.me Ordre.

TABLE NEUVIÈME CLASSE

les Bâtardes de nos huit classes